必勝色

위닝 컬러

WINNING COLOR

WIN NING COLOR

必勝色

公式書

위닝컬러

觸動與挑撥！牽動人類欲望的 10 大色彩能量法則

韓國最頂尖視覺策略大師・視覺採購博士

李朗州 著

이랑주

簡郁璇 譯

各界推薦

色彩是挑釁，也是顛覆，

因此，它是一種能打動人心、改變世界的能量。

本書作者是因知名演講而深受好評的視覺行銷大師，

收錄了其扎實的專業知識，

推薦大家一讀。

——— 姜信長

Monaissance 代表理事／
前 CERAGEM 社長／前三星經濟研究所專務理事

向想闖出一番大事業的人士推薦李朗州的書，

因為即便是同樣的人事物，

你也能以更正面、更具洞察力的視角去探究。

此書亦是如此，它不只是單純教你如何使用色彩，

更要教你如何打造出吸引成功與幸運的「能量」。

——— 崔凱莉

跨國連鎖壽司企業 Kelly Deli 創辦人・總裁／
暢銷書《召喚財富的思維 Wealthinking》作者

何謂「色彩時代」？

왜 색의 시대일까

人稱「行銷革命大師」的賽斯・高汀（Seth Godin），有本代表作叫做《紫牛來了》[1]，在這邊「紫牛」指的即是「讓人目不轉睛的獨特東西」（remarkable，泛指卓越之人事物）。

無論再好的東西或廣告，一旦重複就會立刻讓人無聊到打呵欠。在這樣的時代，想要在大眾面前有能見度，需要的不只是好，而是神來一筆的獨創行銷。如同草原上的數百隻牛群如有一隻是紫色，就會讓人過目不忘，想擄獲消費者的目光，就必須以創新的點子為基礎，創造為之瘋狂的族群，並採用可讓他們自發性口耳相傳的策略。

賽斯・高汀選擇了即便在各種色彩中依然獨特、個性強烈的紫色，讓自己的概念在讀者心中留下強烈的印象。萬一

---

1 英文書名為：Purple Cow : Transform Your Business by Being Remarkable

高汀使用的名稱不是紫牛，而是紅牛或藍牛呢？倘若書名是《紅牛來了》，他還能將「卓越」的概念烙印在讀者的腦海中嗎？以圖像創造概念，再替圖像賦予強烈的色彩，此舉就足以稱為「卓越」。

視覺溝通的時代來臨

人類的大腦必須在一天內處理數萬種資訊，有些事情會牢記許久，有些則是過目即忘；有些東西很快就能了解，有些卻吸收緩慢。那麼，能快速認知、牢記許久的資訊是哪些類型呢？就是視覺資訊。視覺資訊具有要比任何形式的資訊更快速，一旦認識就會牢記許久的優點。「視覺溝通」（visual communication）指的正是善用這種視覺資訊的相互交流。其中又以顏色是最強烈的元素，並且舉足輕重。因為假設人類透過五感接收的外部資訊中，有大約八七％是由視覺資訊組成，「顏色」即占了其中六〇％以上。

顏色這種視覺資訊的用途廣泛，首先它能快速創造出「差異性」。要讓擁有類似性能與設計的兩種產品做出差異，

最快的辦法就是使用種類各不相同的顏色。光是改變顏色，甚至會對原本不抱好感的產品產生好感。根據如何使用一種顏色，銷售額可能因此上漲，也可能走下坡。

根據某行銷公司的調查，八成五的受訪消費者認為偏好其他產品的理由，就在於「顏色」。亦有八成消費者回答顏色有助於記住品牌，表示顏色會左右產品和品牌的競爭力。[i]

此外，消費者接觸、接受品牌和產品的空間，越來越傾向以視覺溝通為主，視覺溝通的量也大到驚人。在 Instagram 上可以跨越語言的藩籬，僅憑一張照片與數百萬人溝通，收到來自全球的人所按下的「愛心」，並透過轉發分享、傳播出去。今日，人們無所不用其極，就為了得到一個「愛心」。就算上傳一張食物照，也必須事先想好該從什麼角度、該使用何種濾鏡拍攝。煩惱要穿上什麼樣的衣服，才能在理想場所拍出美照，儼然已是你我的日常。

相較於過去，影片的數量也暴增並普及化。從想將自家產品介紹給顧客的大企業，乃至各大網路平台的自媒體創作

者；從經營小咖啡廳的小店，乃至販賣親手製作的飾品的網路賣家，大家都為如何經營 YouTube 而大傷腦筋。

碰到競爭對手如雨後春筍般接連出現，創意固然重要，但想到要怎麼做才能讓影片呈現出來的形象更令人深刻，煩惱也與日俱增。我平常在授課時，詢問上傳到 IG 或 YouTube 的圖片該使用什麼顏色才能收到成效的聽眾，也比過往要多。

這表示大家隱約感覺到，根據創作者選擇穿什麼顏色的衣服頻頻亮相、背景應該使用什麼顏色，都可以讓好感度瞬間破表！因此，這是個平凡人也能逐步成為「視覺專家」的時代。使用圖像溝通的情況與日俱增，要如何才能打造出更快留下印象、更引人注目、讓人記住更久的圖像，即成了致勝的策略。想當然耳，對色彩的依賴度也就提高了。

光是聽到「藍色」這個詞，心情就不一樣了

特別是置身相較於產品本身的性能，哪家「品牌」更為重要的時代，我們更加難以忽略色彩的存在。因為我們記住

特定品牌的方式多半都有賴於色彩。只要稍微舉幾個例子，相信大家馬上就能心領神會。

　　拿出藍色四邊形內有黃色橢圓形的圖片時，人們立刻就會聯想到 IKEA，拿出黑色四邊形內有紅色四邊形的圖片，就會聯想到 NETFLIX，越是深受消費者信賴的品牌，越容易與留在我們大腦中的色彩殘像連結。換句話說，不是因為對特定品牌的信賴度高，所以才記得該品牌的顏色，而是我們會信賴圖像讓人印象深刻的品牌。而這，亦是色彩所扮演的角色。

　　不只對人類的記憶，色彩也會對實際行動造成影響。當你目不轉睛地盯著紅色，就會覺得心臟撲通撲通狂跳不止；盯著綠色時，心情就會鎮靜下來。這並非個人喜好問題，而是任何人都會經歷相同的現象。

　　色彩擁有的力量，甚至能扭曲來自其他五感的資訊。當一模一樣的飲料裝在顏色不同的杯子時，味道感覺也會不同，可見色彩力量的強大。根據壁紙採用何種顏色，能使房間內的溫度感覺更溫暖或更寒冷，甚至即便沒有看到顏色

時，色彩仍會發揮其力量。聽到「看看天空」和「看看藍天」時，人類的大腦會出現截然不同的反應。光是聽到「藍色」這個詞，就會產生彷彿欣賞蔚藍天空的清涼感。

因此，顏色的使用並非喜好或流行的問題，而是必須建基於科學根據之上。人類如何對顏色產生反應，光是準確掌握其基本法則，也能利用相同的產品促使銷售成長。

近年來，色彩行銷案例研究增加，對色彩科學的興趣提高的另一理由，是因為顏色與人類情感之間的關係。在產品品質不相上下，大眾行銷或廣告已不再管用的時代，如何強烈刺激人的情感，成為消費與否的分水嶺。刺激情感的元素雖多，但沒有文字、沒有聲音、沒有香氣、沒有溫度，仍能刺激消費的最佳辦法，無疑是「顏色」。

英國倫敦泰晤士河的黑衣修士橋，曾是許多人投河自盡的地點；然而就在此處漆成綠色之後，據說自殺者數降至了三分之一以下。[ii] 這是綠色帶來的平靜與安穩感，改變了即將走上絕路之人的心境。消費領域也不例外，若能善加使用顏色，即便是購買一模一樣的物品，也能產生消費後心情更

比起產品本身的性能，
如今是產品「品牌」更為重要的時代，
因此色彩的重要性無可取代，
人們之所以能記住特定品牌，
多半取決於色彩。

**"Endast den som sover
gör inga fel"**

– Ingvar Kamprad

好的滿足感。理解猶如擁有魔法的色彩，大膽地善加運用，就能贏得顧客的心，迎來夢寐以求的成功。

召喚成功與幸運的色彩法則

這本書的寫作初衷是希望想善用色彩的行銷人員、企業家、創作者、自營業者，能夠找到屬於自己的顏色並在日常生活中徹底活用。

儘管前面也提過，我在上視覺品牌課程時，有越來越多人會提出關於「顏色」的問題。隱藏在「YouTube 應該使用何種顏色？」、「門市該用什麼顏色才好？」等問題背後藏著某種恐懼。我們雖然生活在充滿色彩的世界中，但真正碰到該處理顏色的情況時卻總是無所適從。雖然能夠自信滿滿地說出「我個人最喜歡的顏色」，但要決定自家企業商標的顏色時卻一籌莫展。

可是，該如何善用顏色才能使消費者牢記，顏色如何影響人類的決策，特別是對消費模式所造成的影響等，只要具備基礎知識，就能從容地進行各種色彩挑戰。

儘管已有許多色彩研究人士出版著作和參考資料，也有不少整理成功色彩行銷案例的報導，但要套用在自己身上卻沒那麼簡單。因為大多是講述色彩學的內容，而且多半是聚焦在大品牌的案例集，因此恐怕難以得知應用於實戰的實用知識。

本書整理了任何人都能輕鬆理解的「十種色彩法則」。三十多年前，初次研究視覺商品行銷時，花費最多心血的領域就是「顏色」。在本書是以個人親自擔任顧問的各式案例為基礎，整理出就算是一般人也能理解的重要原則。

理解這些原則之前，要先給大家一點建議，就是要精準掌握我的品牌和我的產品追求的是什麼。因為色彩的力量之所以強大，在於每種顏色都具備固有的價值。觀察世界各國的神話，就能發現共通的故事模式，稱為「原型」。顏色也相似。色彩各自具有勾起人類情感與行動的固有原型性質。若想善加利用其固有性質，就必須準確掌握我要做的這件事的定位。當色彩原型與事情的定位徹底結合時，就能運用色彩並達到效果。

如今已進入了不只是設計師，而是不管是現場行銷，或是做出決策的執行長、過著平凡日常的一般人，都必須提升對色彩理解的時代。就讓我們來了解，第一眼就會吸引人並勾起欲望的色彩祕密吧。

色彩能造就
原本不存在的消費者

何以製造紅色鋼筆？

數年前，我在電視上看到一個廣告後大吃一驚。那是個淨水器的廣告，一位知名演員就坐在以紅色為背景的綠色淨水器旁，但他的台詞沒什麼特別的，就說了一句：「水真美！」在其他淨水器廠商都主打自家超精密過濾功能或產品管理服務時，這家廠商則對大眾拋出了一個訴求：「看起來很美的水」。儘管現今淨水器有許多顏色和款式，但當時淨水器幾乎清一色是白色系，結果居然有綠色淨水器上市了。

　　打造此產品的廠商原本是做按摩椅的。難道主打按摩椅廠商打造的淨水器不是使用六層濾芯，而是七層濾芯，消費者就會產生信賴感嗎？若是以較低的價格販賣產品，消費者就會買單嗎？不會，因為品牌相對缺乏專業性。那麼，有什麼樣的差異化要素足以彌補缺少的專業性呢？這家廠商乾脆「反其道而行」，也就是「看起來很美的水」。放入「美」

的要素後，質問是否水質更乾淨或品牌更具專業性的理由也就消失了，而且因為水看起來很美，產品也沒必要降價。亦即，色彩創造出全新的購買需求。

「有顏色的淨水器」案例展現出色彩行銷的基本原理為何。成為色彩行銷起源的派克紅色鋼筆案例，也與此相同。雖然目前使用鋼筆的顧客族群廣泛，但在百餘年前，鋼筆卻是上流社會的男性才會使用的物品，也因此，當年鋼筆的尺寸偏大，色彩也主要是黑色或褐色。

可是，就在一九二一年，派克卻以「大多福」（Duofold）之名，在鋼筆市場上推出了紅色鋼筆。這項產品讓人聯想到口紅的顏色與設計，是為了攻下女性消費者市場所打造的。這個策略搭上了當時職場女性增加，使用鋼筆的族群逐漸廣泛的潮流，創下了爆炸性的銷售量。不過是換了個顏色罷了，人們卻開始購買原本自己不會入手的產品。這個運用色彩創造全新消費者、全新需求和全新市場的案例，在講解色彩行銷時每次都會提到。

即便是同一產品，也最好時時謹記這個法則：使用不同

顏色，就能發掘新的消費者。特別是當提高銷售量的產品有新色彩的加持，會帶來如虎添翼之效。假如粉紅色瓶裝香水是熱銷商品，若是緊接著推出同款產品，卻把香水改裝入淡綠色的瓶子，如此就能創造必須再次購買該產品的理由，防止銷售量下滑，延長產品的銷售生命週期。同一產品的認同感得以維持，並透過色彩變化，因而擴大銷售範圍並創造出新的需求。

增加色彩，也能令現有產品煥然一新。假設以四十代男性上班族為主要族群的有聲書平台上，推出了以四十代女性為對象的服務。你可以用吸引女性顧客的色彩來命名該服務，接著在提供服務的圖書上加上該色系的緞帶並做出差異化，那麼即便是已經上市的有聲書，也能重新創造出讓人想聽的欲望。站在四十代女性消費者的立場上，原本不認為是自己會聽的有聲書，但色彩卻變成一種訊號，使它成了一本「以我為目標族群的書」。

即便是同一產品，也最好時時謹記這個法則：

使用不同顏色，就能發掘新的消費者。

特別是當提高銷售量的產品有新色彩的加持時，

會帶來如虎添翼之效。

換了顏色，價格也跟著調整

最近使用色彩，勾起消費者原本沒有的購買欲並大獲成功的代表性案例，要屬三星電子的「BESPOKE 冰箱」。在 BESPOKE 冰箱上市之前，大部分都是無色彩的冰箱。就代表生活家電的「白色家電」銷售量來說，LG 占了壓倒性的優勢，但三星電子在二〇一九年推出了 BESPOKE 冰箱。

BESPOKE 帶有「量身打造」的意思。這個單字的字源是帶有「表明」之意的 bespeak，在一五八五年，首次出現於英國牛津字典。BESPOKE 是指委託或訂購製作物品，原本意指量身訂做的套裝，後來則是用來統稱反映顧客的個別喜好所製作的物品。

BESPOKE 冰箱採用冷藏和冷凍分離設計，更具創意的是能選擇冰箱門的配色，依照顧客想要的各種顏色來組裝。這項產品展現出令人聯想到蒙德里安（Piet Mondrian）畫作的視覺效果，掀起了一陣旋風。

BESPOKE 上市不過四個月，就占了三星電子冰箱銷售量的六五％並成了代表商品。三星電子乘勝追擊，追加薰衣

草紫、深綠、橘色等十種顏色，擴大了選擇範圍。它們並未就此止步，從空氣清淨機、淨水器到智慧型手機，均有各種 BESPOKE 風格的產品上市。

先前冰箱市場持續透過高端與大型化創造需求，但三星電子卻在這樣的市場上運用色彩，從一人家具到多人家具，從二十～三十歲世代到四十～五十歲世代，依照個人喜好打造出多款量身定作型冰箱，以供消費者選擇。亦即，三星電子創造出對冰箱的全新需求，它並非依照功能與價格來劃分產品，讓消費者從中挑選，而是創造出「投我所好」這樣截然不同的標準。

過去，廠商對於家電產品採用各種色彩懷有某種恐懼。首先，如果要打造各種顏色，製造產品所投入的經費和時間就會增加，失敗的風險也相對提高。然而，隨著技術日新月異，相較於基於「需要」而消費，刺激「欲望」本身的消費抬頭，廠商開始不畏於嘗試使用色彩。特別是想透過消費確認自身認同感的年輕世代，色彩成了表現其多元認同，最容易獲得滿足感的方法。

三星電子運用色彩，從一人家具到多人家具，從二十～三十歲世代到四十～五十歲世代，依照個人喜好打造出多款量身定作型冰箱，以供消費者選擇。亦即，三星電子創造出對冰箱的全新需求。

當廉價產品追求高級化時，色彩也扮演了讓消費者接受價格劇烈波動的功能。Monami 就是代表性的例子。在創業階段曾以百元韓圜就能輕鬆入手，奠定「國民原子筆」地位的 Monami，隨著數位時代的來臨，銷售量大幅下滑；但在推出高級原子筆之後成功轉虧為盈。Monami 以年輕世代為新鎖定的消費族群，為原子筆搭配鮮明或馬卡龍（Pastel Pearl 系列）等配色，制定了限量版銷售策略，而大膽使用顏色，撼動了對價格的刻板印象。

夏季飲品成了冬季飲品

如同使用色彩能創造出全新的消費者和全新的消費方式，色彩也能延長產品消費的時間。在《可口可樂如何讓聖誕老人穿上了紅衣？》一書中，就出現了可口可樂使用顏色延長消費期間的案例。

碳酸飲料可口可樂的消費量主要集中在夏季，在寒冬時銷售量暴跌是理所當然的。為此苦惱的可口可樂公司，在一九二〇年採用了新的廣告行銷策略，研發出「即使是冬季

也會想喝可口可樂的方法」。

在此廣告登場的聖誕老人，身上穿著令人聯想到可口可樂、以白色絨毛點綴的大紅外套，腰際上繫了寬版皮帶。在此之前，不曾有過身穿紅衣的聖誕老人的形象。今日，我們腦中浮現的聖誕老人形象，是可口可樂透過行銷所創造出來的。在廣告宣傳初期出現的，是將禮物分送到家家戶戶之後，一邊喝可口可樂、一邊休息的聖誕老人，後期則是孩子們為了緩解聖誕老人分送禮物的辛勞，將可口可樂放在襪子旁的模樣。這系列廣告大獲成功，顯示出顏色不僅能改變品牌認知，甚至能延伸至廣告宣傳。[i]

這個廣告帶來的效果是，可口可樂不再只是天氣炎熱時涼快暢飲的碳酸飲料，而是寒冬時也能喝的四季飲品。可口可樂至今仍延續這樣的行銷方式，隨著聖誕季節的到來，可口可樂就會敲鑼打鼓播放起廣告，持續在大眾的腦中注入「它是與親朋好友、戀人歡聚時所喝的飲料」的形象。想當然耳，廣告中登場的人事物或角色，也都穿著讓人聯想到可口可樂的紅色服裝。

碳酸飲料可口可樂的消費量主要集中在夏季。

反之，在寒冬時銷售量暴跌是理所當然的。

為此苦惱的可口可樂公司，在一九二〇年採用了新的廣告行銷策略。

在各種季節、各種紀念日等象徵特定日子的物品上注入自家品牌或自家產品的色彩，就能增加該期間的消費。此種行銷策略之所以奏效，正是因為顏色具備了要比其他元素更強烈的聯想作用。

風格即色彩

人們求新求時髦的欲望是永無止境的。即便是功能相同的產品，人們也偏好更美的設計。設計即行銷，即企畫，即經營策略，也是相同道理。只是到頭來，做出好的設計，大多與懂得運用色彩是同一件事。因為即便是一模一樣的產品，若是色彩使用得當，人們的目光也會不由自主地被原本不感興趣的產品吸引。

心理學博士兼哥倫比亞大學管理研究所教授的貝恩德‧施米特（Bernd Schmitt），在體驗行銷領域是大名鼎鼎的專家。貝恩德‧施米特表示，顧客滿足意味著滿足其「美學渴望」，但這並非僅限於少數人或特定產品的渴望。無論是何種產品，都能透過美學要素帶來的生動感，獲得顧客滿足的機會，

而且美學上的滿足所帶來的滿意度和愛好程度，能同時為企業和顧客帶來利益，創造雙贏。

《紐約時報》的經濟專欄作家維吉尼亞·帕斯楚（Virginia Postrel）強調，往後「設計時代」的說法不再堪用，進而提出了「風格時代」這個詞彙。站在這樣的觀點上，消費者宣稱「這是我的風格」時，沒有什麼方法要比「這是我的個人色彩」更簡單有力的了。相較於外型，運用色彩做出差異化更能達到事半功倍之效。[ii]

消費者宣稱「這是我的風格」時，
沒有什麼方法要比「這是我的專屬色」更簡單有力的了。

每天光顧仍充滿悸動的場所，藏著什麼祕密？

星巴克以色彩提高銷售額的方法

處理色彩時，分成「應該改變的顏色」和「不應該改變的顏色」。儘管為了讓消費者長久留下印象，必須固守自己既有的顏色，但增添新的色彩以帶來新鮮的刺激感，同樣不失為好辦法。將此策略發揮得淋漓盡致的品牌，星巴克無疑是佼佼者。

　　成功的品牌多半保有自己專屬的主色。星巴克的主色為綠色，它也藉由這個顏色成功讓大眾認識了品牌。放眼全世界，無論是誰，只要在路上看到綠底白字的招牌，都會誤以為是星巴克。

　　不過，始於一九七一年的星巴克，最早的商標卻是褐色。使用黑色或褐色商標的傾向不限於星巴克，其他歷史悠久的品牌也相去不遠。觀察一九五〇年代彩色電視登場之前的品

牌，不難發現有許多採用黑色或褐色系的商標。目前使用橘色和紅色的漢堡王，在一九五四年草創期時亦使用黑色商標。

在一九七一年，星巴克的商標採用的是褐底白字。一九八七年，星巴克與 Il Giornale 合併，將 Il Giornale 原先使用的綠色放入商標。想要帶來積極進取、創新改革的感受，綠色遠比褐色更適合。一九八七年，星巴克的商標改成黑色和綠色搭配白字，直到二〇一一年，第三次修改的商標上則完全拿掉黑色，只剩下綠色和白色。星巴克的執行長霍華‧舒茲（Howard Schultz）就曾表示，「我們把戴著王冠的『星巴克妖精』打造得更現代，拋棄了彷彿墨守成規的褐色，選擇了帶來正向感受的綠色。」[i]

超過三十餘年，星巴克都使用被稱為「星巴克綠」、給人舒適穩定感的綠色意象。即便在這悠長的歲月均維持相同顏色，星巴克的人氣仍居高不下。星巴克的門市依然是最多消費者光顧的地方。儘管有無數連鎖咖啡廳崛起與沒落，星巴克卻始終屹立不搖，擄獲了全世界的心。星巴克究竟是怎麼成為人們每天都想光顧的地方呢？

成功的品牌多半保有自己專屬的主色。

星巴克的主色為綠色，

它也藉由這個顏色成功讓大眾認識了品牌。

原因就在於星巴克維持自己的綠色主色，但又每次都會在消費者面前推出全新的色調。星巴克更改當季菜單或企畫商品的次數相當頻繁，每到了三月初，星巴克都是最早舉辦春季活動的品牌，他們會在主色為綠色的門市陳列放入粉紅色這個春天象徵色的菜單或企畫商品，在門市的各個角落放滿象徵此的粉色說明指南。門市內被粉紅色飲品、粉紅色周邊商品、粉色海報等占據，使得人們也跟著心花朵朵開。要不了一個月，到了四月，門市就換成嫩綠色；到了六月，門市則充滿了暗示休假季節到來的藍色。從飲料到周邊商品，星巴克會在決定新的顏色之後，在無數細節上頭重複相同顏色。就算不是每天好了，但星巴克持續不斷創造出每個月光顧門市的理由，讓消費者無暇感到無聊乏味。

眾多連鎖企業以星巴克為標竿，效法它使用各種顏色，卻沒有一個品牌能與星巴克並駕齊驅，其原因就在於星巴克最先也最果敢地大量使用換季的主色調，且不分線上線下均統一作法。

星巴克的當季色調也能從網站上即刻確認。當聖誕節來臨之際，星巴克的網路就會推出使用季節顏色（紅、綠）的設

計，從主畫面中心就創造強烈視覺效果。不只是聖誕節，每個月、每到特殊日子，星巴克都會打造全新一季的設計，呈現色調與之相符的主頁。每次點進星巴克的網站時總會覺得很有變化，原因就在於積極使用季節色彩。相反地，其他企業則是採取維持既有網站的設計，同時在其他活動頁面展現季節商品的方式。這樣的網站，又何須每天進去參觀呢？

比花朵搶先一步的春日氣息

就像我們從星巴克的案例中看到的，歷史悠久的品牌或門市雖會繼續使用相同主色，但為了持續吸引大眾，避免單調乏味，維持主色但以季節色調帶來變化的手法就很有效。

然而，對於無法輕易更改裝潢的小規模實體門市來說，使用季節色彩並不容易。它們既沒辦法每次都推出周邊商品，也無法在牆面上漆色。究竟該怎麼做才能維持現有裝潢，但又能讓人感覺到變化呢？

使用「變化的色彩」時有個重要原則，就是重複。並不是打造出幾個讓人感受到春天氣息的粉嫩色產品，將其陳列

星巴克總是最先也最果敢地

大量使用換季的主色調，

於門市入口處，大眾就能產生季節感。無論顏色再突出顯眼，和顧客交流的次數依然不夠，大眾也不會認知到那是季節顏色。那麼，究竟要重複到什麼程度呢？首先，進入一個空間、一個網站時，必須要看到該顏色六次左右，人們的腦袋才會產生連結，而最少也要三次。

至於展現的方式呢？如果是實體門市，就在櫥窗上張貼告知春季促銷的大型尺寸粉嫩色海報，讓人即便是在外頭，也遠遠就能看到。若是顧客在遠處看到顏色並跟著走進來，接下來就在吸引目光之處使用相同顏色，比方說打造出會隨風搖曳的粉嫩色橫幅布條，黏貼在天花板上。當橫幅布條搖曳時，人的瞳孔就會跟著移動，並將其意象儲存於大腦。

接下來，是在地板上貼上粉嫩色說明貼紙，讓人們在移動腳步的同時，反覆看到該顏色。以各種形式在各種地方展現，這就是重複。若是不這麼做，無論使用再時髦的顏色，打造並展示特別的季節商品，顧客也很難充分感受到變化。

「乾燥玫瑰」的色彩魅力

使用帶來變化的顏色時，若能同時使用象徵其色彩的紋路、圖案、象徵物等，效果就會加乘。這並不是指春天就只用粉紅色，夏天就只用藍色，而是結合粉紅色和櫻花圖案、藍色和波浪圖案，人們更能感受到色彩。特別是自然的象徵物相關的顏色，效果尤佳。

顏色原本就始於大自然，光是觀察人類持續增加色彩數的方式就能得知，而最具代表性的例子莫過於橙色。直到歐洲進口柳橙這種水果之前，橙色是沒有名字的。柳橙是在西亞一帶栽培的作物，隨著伊斯蘭的勢力擴張，在征服西班牙的時期被帶到歐洲。英文單字 orange 的字源是法語，但直到一五四〇年，這個單字在英文才有了「橙黃色」的意思。

相同道理，鈷藍色或珍珠色等，也都是人類從各種自然物中發現，再將名稱放到色譜上。橄欖色雖近似綠色，但實際看到橄欖之後，就會將其辨識為與綠色截然不同的顏色。隨著色彩世界的細分與發展，甚至會透過調色，以人為的方式創造出不曾見過的顏色，但就算說「顏色一般是在大自然

中發現」也不為過。

因此，人在看到顏色時，就會試圖思考該顏色是來自何種事物。若是反過來善加利用這種聯想作用，在進行色彩溝通時就能發揮更上乘的效果。

新冠肺炎爆發後，五顏六色的高級口罩也隨之登場，而某美妝品牌就推出了「乾燥玫瑰」色系的產品。隨著能夠使人看起來容光煥發的各色「亮膚」口罩上市，其中一種產品被賦予了那樣的色彩名稱。

儘管世上具有魅力的顏色多不勝數，但若非我們經常接觸的顏色，就難以將其意象塞入腦海。若是不清楚名稱的顏色就更是如此了。無論再時髦的顏色，只要不是經常看到，大家就會說：「啊，不是有個跟某某顏色很像的產品嗎？」如此一來，即便使用時髦的色彩打造產品，消費者也難以在第一時間即刻辨識出來。解決此問題的方法，就是借用自然物來命名。以前述的口罩產品為例，就是賦予了「乾燥玫瑰」這個具體事物的名稱，讓顏色有了辨識度。這是因為即便不知道「乾燥玫瑰」這個顏色準確是由哪些顏色調和而成，但

我們腦中仍存在著「乾燥玫瑰」的清楚意象。

　　尤其特定季節使用的「變動性色彩」，並不像主色一樣會持續使用，而是短期使用的顏色，因此若是無法迅速注入強烈的印象，就難以收到成效。想要提高效果，將季節色彩與象徵季節的事物圖案或名稱搭配使用，就能達到事半功倍之效。

為什麼大家都愛小白鞋？

　　有時會碰到雖然想運用各種色彩和消費者進行多方交流，卻對該使用什麼顏色沒有半點頭緒的情況，而這時，黑、白兩色就會登場。當人感到疲憊不堪，想要暫時停下腳步時，白色就會蔚為流行；若是想重振旗鼓、再次上路時，流行的則是黑色。

　　事實上，白色指的是「沒有」顏色的狀態，因此很難找到把白色當成主色來使用的品牌。不過，若是想讓長期產品煥然一新，或是想為老品牌注入活力時，倒是可以使用白色，這是因為白色具有「嶄新的開始」的意涵。

小白鞋始終是男女通吃的人氣商品。

為何白色運動鞋總是人氣不減呢？

白色明明很容易弄髒，

所以小白鞋能保持潔白的狀態，

就只有在剛入手的時候。

小白鞋始終是男女通吃的人氣商品。為何白色運動鞋總是人氣不減呢？白色明明很容易弄髒，所以小白鞋能保持潔白的狀態，就只有在剛入手的時候。因此白色反而能強烈刺激人的欲望，讓人時時都想穿「新鞋」。

　　只要 NIKE 推出新產品，全世界消費者就會趨之若鶩。為了紀念其代表性商品「Air Max 90」三十週年，NIKE 推出了「Air Max 90 FlyEase」，但這時選擇的顏色也是「全白」（Triple White）。NIKE 採用潔白到刺眼的白色，展現出新產品及限量版的強烈魅力。

　　為品牌注入變化的方法，並不是只能採用充滿動感的方式，著眼於全新出發、重置、在原點重新開始之類的角度，也能讓顧客充分感受到變化。這時採用白色就是個不錯的方法。

　　只不過在門市裝潢或網站上使用白色，並不容易讓顧客產生這類感受，原因就在於白色基本上是一種「背景色」。與其他顏色搭配時，白色就會失去其原有的特性，成了其他顏色的背景。因此，將白色當成「變動性色彩」使用時，最好主要限定於產品上頭。

那家麵包店老是換顏色的理由

即便不採用繽紛色彩，而是執著於單一顏色，也有辦法從顏色內帶來變化。儘管過去可口可樂的紅色似乎從沒變過，但事實上它的變化十分微妙。一九七○年可口可樂把主色換成了「更明亮的」紅色。可口可樂將此種細微的顏色調整值稱為「第二食譜」，將其視為機密加以管理。如同老餐廳的食物調味會隨著世代改變而逐漸變淡，品牌主色配合時代變遷與世代感受性做出調整時，也能帶來歷久彌新的魅力。

巴黎貝甜（Paris Baguette）[1]即是善於調整自家品牌顏色的代表性品牌。儘管多年來，巴黎貝甜均使用藍色為主色，但仍會根據企業概念和地位變化而更動顏色。自從一九八八年巴黎貝甜的第一家門市開張，如今在大韓民國已有三千四百家門市，可說是大韓民國規模最大的烘焙品牌。「巴黎貝甜」這個品牌名稱蘊含了「味道不輸給麵包發源國──法國」的涵義，是向代表法國的「長棍麵包」致敬；品牌的主色也是取用自法國國旗。法國國旗是由藍、白、紅三色構成，而巴黎貝甜借用了其中的藍色。巴黎貝甜的藍色是鈷藍色系列的

---

1 韓國連鎖烘焙咖啡廳品牌。

深藍色，也經常用於美術品。此種藍色與艾菲爾鐵塔的商標融合，營造出富足、充滿異國情調與藝術感的氛圍。

巴黎貝甜在進入二〇〇〇年後，嘗試轉型為在門市內同時販售麵包和飲品的烘焙咖啡廳，也是在這時候，它將主色從深鑽藍色改成摻入綠色調的「薩克斯藍」（Saxon Blue）。這種嘗試是為了在冷調中注入暖色調，讓人感覺到這是一個同時享用熱咖啡與麵包的地方。此外，巴黎貝甜也開始使用橘色這個互補色。橙色帶有青春洋溢、開朗大方的氛圍，使得轉型為烘焙咖啡廳的形象更讓人感到新鮮。二〇〇九年，作為互補色的橘色被拿掉，轉而將主色藍色改成更明亮的色調「天青藍」（Cerulean Blue）。

二〇一七年，巴黎貝甜把艾菲爾鐵塔從商標拿掉，然後將英文名稱 Paris Baguette 中大寫 P 和 B 合併後置於中央。自從 SPC 集團在一九八六年打造巴黎貝甜之後，總共使用了六個商標，但最後終於拿掉了艾菲爾鐵塔的圖案。既然巴黎貝甜已經成為韓國首屈一指的連鎖品牌，就再也沒有必要使用讓人覺得是在追隨法國烘焙的商標或字眼了。這時，巴黎貝甜再次經歷了一次色彩變化，改成了色調更暗、感覺更高級

的「皇家藍」（Royal Blue）。

皇家藍是法國王室指定的貴族顏色。儘管巴黎貝甜是所有社區隨處可見的「國民麵包店」，但考慮到烘焙界逐漸精緻化的趨勢，為了在消費者心中形塑高級品牌的形象，所以才更改了主色。

為了持續維持自身價值，品牌的持續改變是不可或缺的。若是以色彩表現其變化，將會為消費者帶來更直觀的感受。

這種案例可以舉一反三，千變萬化。當我的品牌還是正要起步的新生企業時，嘗試其他路線時，站上業界第一的地位時，企圖提高下滑的價值時……就在與消費者進行視覺溝通的過程中嘗試色彩變化吧。這除了能維持相同的主色範圍，不落後於時代變遷或流行，還能時時帶來新鮮感。

領先潮流，
歷久彌新

操縱時間的色彩力量

二〇〇八年，電視台 EBS 進行了一個「紅色房間與藍色房間」的實驗。這場實驗將人們分成兩組，讓他們分別走入全部被漆成紅色與藍色的房間，並賦予了一個任務：如果感覺過了二十分鐘，就從房間裡走出來。最後出現什麼樣的結果呢？進入紅色房間的人大多十四～十七分鐘左右就走出房間，藍色房間的人們則是在二十一～二十七分左右出來。

　　他們在房間內的模樣也不同。紅色房間的人們彼此不會交談，表現出緊張的樣子；藍色房間的人們會互相問候、閒聊、自在地躺下等，即便過了二十分鐘也不怎麼想出來。

　　會出現這種結果，是因為紅色會導致人感到緊張。一旦感到緊張，即便不到五分鐘，也會覺得好像過了十分鐘。相反地，藍色使人感到平靜自在，這就像與喜歡的人自在閒聊，會覺得時間轉眼就過去了一樣。若是運用此種原理會怎麼樣

呢？想要會議盡早結束，只要在紅色房間進行就行了；如果是碰到不怎麼花時間的事情，卻希望造成很漫長的感覺，只要將紅色靈活運用於各個角落就行了。像是電影節之類的活動現場鋪設的紅毯，固然會使人感到興奮，但也具有讓人感覺活動時間更長、使活動本身更具分量的效果。

想長久留住顧客，就使用冷色系

日本色彩行銷大師野村順一的著作《色彩的祕密》中就介紹了類似的實驗。暖色系讓人感覺時間漫長，冷色系讓人感到時間短暫，這也意味著色彩造成的時間錯覺，會出現多達兩倍的差異。意即，即使是做同樣一件事，若是身處不同顏色的空間，某人可能會感覺自己做事的時間多達兩倍之久。為了應用此原理並讓人感覺到勞動時間變短，可在工作空間內使用藍色等冷色調。

速食店門市的牆面之所以採用紅色，是因為有許多人認為紅色能刺激食慾，但相較於此，紅色會讓人想盡快吃完、迅速閃人的解釋更為合理。

暖色系讓人感覺時間漫長，

冷色系讓人感到時間短暫，

這也意味著色彩造成的時間錯覺，

會出現多達兩倍的差異。

只要理解這種色彩的應用，就能判斷出門市使用何種顏色更好。有些門市必須顧客長時間停留才能提升銷售額；有些則是翻桌率高，才能增加銷售額。

　　好比說，某些活動即便只進行五分鐘，也要感覺像進行十分鐘一樣緊張，滿意度才會提高。在有格調的活動中鋪上紅毯的理由，也是為了提高緊張感，哪怕只是短短幾分鐘，也讓人感覺這項活動變得很長。

　　在演講時，何種場所能使聽眾更加專注呢？這時場所具備的色彩，亦即燈光的顏色就至關重要。

　　有一次我去演講，發現地點位於禮堂大廳後，不由得大吃一驚。地板全都鋪上了紅毯，華麗吊燈的昏暗暈黃燈光布滿了大廳。我當下就覺得這下糟了，在這種空間內聽演講的聽眾，很容易就會感到疲乏。

　　我向來會提早抵達現場，所以還有時間可以調整各項細節。首先，我將原本在新娘等候室沙發前的淺灰色圓形地毯改放在講台的紅毯上頭，頓時減少了紅色造成的效果。雖然

燈光全部打開了，但現場只有 2,000K 黃燭光照明。幸虧大廳有窗戶，把所有窗簾拉開之後，雖然外頭天氣有些灰暗，但光線仍照進了室內。陰天午後的太陽光帶有 6,000K 的藍光，這種光線照進室內後，使整體亮度調整到 4,500K 左右。

為了讓聽眾專注聆聽演講，5,000 ～ 6,000K 左右、帶有藍光的白色燈為最佳，但即便只是這樣調整顏色和光線，也能打造出更適宜的聆聽環境。

不過，像禮堂這種舉辦宴會的大廳，為何會使用帶有紫紅色的紅毯和昏暗暈黃的燈光呢？儘管儀式很短暫，但這是為了給人誠意十足、彷彿舉辦時間會很長的感覺。但對於長達兩小時左右的專業演講來說，這種顏色和光線結合的空間，會使聽眾感到無聊乏味，感覺時間多出兩倍以上。若是在從事需要專注的工作或讀書時，卻不如想像中順利，就先觀察照明的顏色吧。

可以增加學員的瑜珈墊是什麼顏色？

如同對時間的感受程度會隨顏色而改變，顏色也會對人的身體、心理與思考等造成影響。若是對此具有基本理解，就能以更迅速有效的方式與人們進行視覺溝通。

理解色彩心理學者凱倫 · 哈勒（Karen Haller）定義的「心理學原色」的概念，會有所助益。在無數的顏色中，關於對人類造成影響的最基本顏色，凱倫 · 海論彙整的論點如下：心理學原色分成四種，即是紅、黃、藍、綠。各種原色會對人類的哪些面向造成影響呢？

紅—對身體造成影響。

黃—對情緒造成影響。

藍—對知性造成影響。

綠—意味著身體、情緒和知性的平衡。

只要理解四種心理學原色的基本性質，就能輕鬆找到適合自己的顏色。如果是強調活動力的服務或產品就使用紅色，若是能提高智力等的產品，基本上就使用藍色。即便是相同行業種類，根據想要突出何種面向，將成為使用不同顏

只要理解四種心理學原色的基本性質，
就能輕鬆找到適合自己的顏色。
即便是相同行業種類，根據想要突出何種面向，
將成為使用不同顏色的提示。

色的提示。

如果是製作能使身心放鬆的瑜珈或冥想課程的 YouTuber，就算想要盡快吸引大眾的眼球，恐怕也不能選擇紅色作為主色。若是想要強調 YouTuber 專業的一面，使用藍色瑜珈墊將比黃色瑜珈墊更能帶來信賴感。即便同樣都是瑜珈課程，如果是主攻年輕族群，想帶來活力充沛、幽默風趣的感覺，主色使用黃色的效果遠比藍色更佳。

理解心理學的原色概念時需要留意一個地方：色彩同時存在著引發正面心理與負面心理的面向。某些顏色只會單方面引發正面心理，某些顏色卻不只是引發負面心理。

就拿對身體造成影響的紅色來說好了，它雖然具有能喚起活力的一面，但也具有讓人輕易感受到憤怒的負面傾向。至於黃色，雖然能引起樂觀的情緒，但若是過度使用也可能引發煩躁感。對知性造成影響的藍色，若是用作新聞錄音室的背景，就會顯得合乎邏輯、清晰明瞭；但若是使用於食物，就很容易令人胃口盡失。綠色雖能讓人感到穩定與和諧，但若是過度使用，很快就會感到無聊乏味。

並不是過度使用各種色彩，就能同時獲得該顏色所具備的所有效果。我已強調不少次，但首先主色才是最重要的。先決定主色，之後再選定與其相符的背景色和補助色。這三種顏色比例不可過度。你可能會認為需要大量使用主色，但並非如此。主色才應該使用得最「少」。黃金比例為背景色占七○％，輔助色占二五％，主色則占五％。唯有在此一基本比例範圍內妥善用色，主色才能徹底發揮其效果。

讓害怕醫院的孩子們冷靜下來的原因

　　這是我去某家兒童兼青少年內科診所時的事。該診所以黃色為主色，將診所內部的牆面全都漆成了黃色。為了安撫孩子們害怕看醫生的心情，選定能引發正面情緒的黃色值得讚賞，只是顏色用得太泛濫了。黃色固然能注入正面氣息，但若是過度使用就會使人變得敏感。本來孩子們就沒什麼耐性了，這種氛圍會導致他們在等候看診的過程更加煎熬。碰到這種狀況該如何調整呢？最好同時使用具有知性力量的藍色，看是要在地上舖藍色墊子，又或者放置藍色桌子，為診所增添沉靜的氣氛。

有不少案例就像這家診所，因為強調色彩的重要性，到最後全數只採用主色。只採用單一主色，固然具有能予人強烈品牌形象的優點，但也有許多成功案例是同時採用兩種互補主色，像是 IKEA 就同時使用黃藍兩色，而芬達則是採用橘色與深綠色。

Dunkin Donuts 是使用兩種主色的代表性品牌。原本它採用相同比例的橘色與粉色，直到二〇一九年拿掉 Donuts 這個字，只留下 Dunkin，同時將橘色改為主色，只留下些許粉紅色。我從以前就看著 Dunkin Donuts 的招牌，認為變更品牌色彩會比較好，因為兩個暖色系的組合可能會造成過甜、高熱量甜點的認知。

欲以兩種顏色打造主色時，效法 IKEA 和芬達使用相輔相成的互補色為佳。若是使用兩種暖色系或冷色系的顏色，視覺對比就很薄弱，也難以使顧客的大腦準確認知品牌。若是無法決定單一主色，選用兩種顏色時，若是能留意這點，能使色彩效果相得益彰。

欲以兩種顏色打造主色時，
效法 IKEA 和芬達使用相輔相成的互補色為佳。
若是使用兩種暖色系或冷色系的顏色，
視覺對比就很薄弱。

沒有什麼顏色是安全保險的

雖然現在是色彩的時代，但要決定使用何種顏色並不容易。因為雖然會有人喜歡這種顏色，但也會有人討厭。碰到這種時候，使用「最安全保險的顏色」不就行了嗎？

安全保險的顏色是什麼樣的顏色？就是白色、灰色、淡黃色、象牙白等顏色。這些顏色和「心理學原色」相去甚遠，可能不會對心理造成刺激。凱倫・哈勒稱之為「中立的顏色」，但她也表示這種說法是一種偏見，因為只要是顏色就會引發某種情感。比起紅色，看到象牙白時，情感變化可能相對較少，但她指出，認定「情感變化少」與「心情沉澱下來」相同，也可能是一種偏見。

實際上，在現場也經常看到產生類似錯覺的情況。有人經營了一家咖啡廳，卻說為了打造舒適自在的氛圍，使用了大量象牙白，那會變成什麼樣呢？顧客可能會完全搞不清楚咖啡廳究竟想營造什麼樣的氣氛，因而感到不自在。

看似安全保險的象牙白色雖不突兀，卻具有讓人很快就膩的缺點。何以看著廣袤無邊的沙漠照片或影片時會呵欠連

連、睡蟲襲來，也是因為無聊乏味所致。在實體空間大幅使用象牙白色時，需要分割使用面積，若是能同時配置色調較暗的深色裝飾物或綠色植物，就能減少象牙白色的單調感，創造視覺重點。

也有企業基於產品特性，只能大量使用安全保險的顏色，好比說床就是這樣。床墊大部分都是象牙白或白色，像是這種行業，又該如何使用顏色，使消費者為之瘋狂呢？

幾年前，床墊品牌席夢思在上水洞開設一家名為「席夢思五金行」的快閃店，社群網站上上傳了逾數千篇的貼文，使大眾的目光為之一亮。實際參觀門市，最先映入眼簾的是搭配紅色字體的象牙白建物。原本席夢思的商標是使用深褐色和白色，而快閃店則是在令人聯想到床墊的象牙白上頭添加注入活力的紅色，打造其門市外觀。走入四坪多的空間，卻不見主力產品「床墊」。床墊品牌的快閃店內卻沒有一張床？這個點子實在很有趣。不過裡面倒是販賣了兩百多種文具、工具和雜貨。

如同「不會晃來晃去的舒適感」這句口號，席夢思在向

使用安全保險的顏色時，
必須同時使用能造成亮點的顏色，
才能在顧客心中留下舒適
卻又鮮明的印象。

消費者傳達舒適感的同時，也必須讓他們感到與趣，並且透過顏色來傳達舒適感。同時，席夢思在各種廣告行銷中運用多種趣味元素的策略。

二〇一九年，席夢思的「沒有床墊登場的廣告」，在首爾影像廣告節中獲獎。在這則廣告中，沒有出現床墊，就只有廣告 Slogan 和文案。這時，為了讓人聯想到「看不到的床墊」所帶來的舒適感，廣告的主色採用象牙白，席夢思這幾個字的字體則是採用綠色。之後席夢思也打造了好幾個沒有出現床墊的廣告。在男性模特兒登場的廣告中是使用沉靜的藍色，女性模特兒登場的廣告則是使用沉靜的粉紅色，即便沒有產品，卻仍能維持舒適感，並以藍色和粉紅色增加亮點。

使用安全保險的顏色時即是如此。必須同時使用能造成亮點的顏色，才能在顧客心中留下舒適卻又鮮明的印象。精心打造品牌、推廣品牌的理由，是為了將我們的品牌烙印在顧客的記憶中，使其產生信賴感。若無法從第一顆鈕扣，也就是從顏色開始就留下深刻印象，就與宣告放棄銷售機會無異。若是害怕色彩會引發兩極反應，固守安全保險的顏色，就等於錯過了在顧客心中留下印象的機會。

如何抓住沒有耐性的消費者

如今消費者不再只在乎產品和服務的 CP 值。即便 CP 值下降，消費者依然更容易為了能牽動自身情感的產品打開荷包。儘管後頭還會詳述，不過今日想在行銷上大獲成功，相較於廣大顧客群平靜無波的反應，反而應該要先在特定小眾中引起強烈迴響。為何要這樣做呢？人們成天都在接收企業的轟炸，包括收到各種訊息、電子郵件推播通知，為了在 YouTube 看個影片，就算心裡老大不願意，也必須乖乖收看廣告。當電視節目出現廣告時，你可以選擇先轉台再回來，但在網路上卻必須等到廣告播完為止。

顧客的疲勞感也隨之提高。廣告效益變差就是基於這個原因。唯一可行的辦法，就只有帶著真心和顧客交流。交流不難，一言以蔽之，就是「讓人心情愉快」。

成功的實體店面早已深諳此法則。要如何讓一走進我們門市的人立即感到心情愉快呢？要如何引發顧客「非得盡快購買不可」的心理呢？該如何喚起「想長時間逗留」的心理呢？這時使用的基本方法就是「色彩」。如同沒人一看到色

彩繽紛的花朵會皺眉，或者望著翠綠森林卻渾身不舒暢，色彩可說是「就算不開口」也能交流的溝通工具。

究竟該怎麼做才能讓我的店面、我的網站、我的產品和廣告快速貼近人們的心呢？能使人們感到興奮、為它如癡如醉嗎？儘管是要採用紅色房間還是藍色房間的吸引手法，大家的想法各不相同，但可以確定的是，保險安全的白色房間吸引不了任何人。

為什麼「那家咖啡」
感覺更好喝？

欺騙五感的色彩祕密

如今已是各種啤酒琳瑯滿目的時代。各國酒商展開激戰，就為了爭取所謂「國民啤酒」的寶座。每到新啤酒上市時，各企業彷彿要爭個你死我活似的，在行銷和廣告上頭傾注心血。有些產品在市場上大受歡迎，但也有野心勃勃推出的產品，要不了多久就失去蹤影。

真露推出的「Terra」就是運用色彩，在酒類市場異軍突起的正面案例。上市不過五個月，Terra 就售出了兩億瓶，在南韓啤酒中創下最多銷售量的記錄。儘管告訴大眾他們為了製造優質啤酒，採用來自澳洲清境地區的乾淨麥芽等行銷手法也很重要，但無庸置疑的，Terra 使用綠瓶的做法，快速擄獲了顧客的心。相較於裝在褐色瓶身的啤酒，這更對年輕消費族群的胃口，但最重要的是它對味道造成了很大的影響。在喝啤酒之前，裝在綠瓶中的啤酒感覺更新鮮純淨，亦即，

顏色對味道造成了影響。

芬蘭玻璃工藝品牌「伊塔拉」（iittala）創立於一九三六年，在易顯單調的玻璃產品上刻上獨特質感的紋路，打造出各式各樣的設計。儘管製造的是玻璃產品，深受全世界喜愛的伊塔拉卻也很善於使用色彩。大部分品牌都是推出透明的玻璃產品，伊塔拉卻是每年選定顏色，推出與其相符的新產品。

此舉有助於利用顏色，打造出「非透明玻璃杯」以外的「有色玻璃杯」的全新要素。一般玻璃碗都是用來盛裝冷食，但伊塔拉卻告訴消費者，根據顏色的不同，玻璃碗也很適合拿來裝熱食。伊塔拉打造出多款產品，好讓消費者得以根據場合選擇符合食物的餐具。

藍瓶的拿鐵格外香醇

大家通常認為，能感受滋味的味覺是相當敏感的，但教人意外的是，它卻常常受到其他五感的影響，甚至相較於其他感覺，算是比較遲鈍的。人在接受資訊時，五感的比重各不相同。假設視覺占八七％，聽覺占七％，觸覺和嗅覺分占

伊塔拉每年都會選定顏色，
推出與其相符的新產品。

三％和二％，味覺的比重也不過一％而已。這也意味著味覺很容易讓人上當。比方在蒙眼搗鼻的狀態下咀嚼洋蔥，還有人會以為自己是在吃蘋果。

在此，視覺對改變味覺造成了莫大的影響。當我們去咖啡廳時，會發現幾乎沒有將咖啡裝在褐色杯的情況，主要都是使用白色或黑色杯子。理由會是什麼？

美國的精品咖啡連鎖品牌「藍瓶」（Blue Bottle）進軍韓國時，大家都說「喝藍瓶就要點拿鐵」，對拿鐵的濃厚興趣勝過其他品項。是因為拿鐵格外好喝嗎？專家們從「顏色」中尋找其理由。

一項研究表示，根據盛裝咖啡的杯子顏色，人們會有感覺味道不同的傾向。這項研究將杯子內部統一為白色，外觀則分成紅、橘黃、黃、綠、黑、白六種。在杯子的外型與容量均相同的狀態下，紅色杯子所裝的咖啡喝起來最甜，黑色杯子裝的咖啡最不甜。酸味以紅色杯子的咖啡最強，綠色杯子最弱。至於苦味，黑色和白色最苦，若是裝在橘黃色杯子則感覺最不苦。鹹味與香醇度與杯子顏色沒有太大相關性，

裝在綠色杯子的咖啡感覺滋味最豐富，裝在黑色杯子的咖啡香氣相對沒那麼強。[i]

　　為了瞭解咖啡杯的顏色與味道的相關性，其他國家也進行了許多研究。二○一四年，澳洲聯邦大學與史丹福大學共同研究團隊進行了一項實驗，驗證了一位咖啡師的主張「杯子顏色能減少咖啡的苦味」。實驗的杯子有藍色馬克杯、透明玻璃杯、白色馬克杯，提供的咖啡是拿鐵。實驗結果顯示，裝在藍色杯子的拿鐵最甜，白色杯子最容易感覺到有苦味，喝透明玻璃杯的咖啡時感覺香氣更強。我們的大腦將咖啡的褐色判別為苦味，若是將這樣的咖啡裝在白色杯子，褐色就會變得更明顯，所以會覺得咖啡很苦。相反地，褐色在藍色杯子內就沒那麼明顯，所以也就不會覺得太苦。[ii]

　　如同這項實驗結果，視覺會對味覺起極大作用，因此藍瓶的藍色成了使拿鐵更加香醇美味的要素。萬一你正好經營了一家咖啡廳，不妨根據飲品種類來決定杯子顏色，再提供給顧客。

　　若要再作補充，味覺也會隨著年齡而不同。孩子們的味

視覺會對味覺起極大作用。

因此藍瓶的藍色，成了使拿鐵

更加香醇美味的要素。

覺要比成人更敏感。這是因為隨著年紀的增長，感受舌頭滋味的感覺細胞味蕾數減少的緣故。因此，若是以年齡層高的人為客群，雖然食物味道也很重要，但要在餐具、餐桌、燈光等多花點心思，顧客才會充分感到「美味」。

「讓人在享用之前就已經食指大動。」這是視覺品牌行銷上強調無數次的原則。其中，互補色對比的方法，就是用來使食物的味道更顯強烈。比方說，將紅色草莓放在綠色包裝紙上頭，使其看起來更香甜新鮮。儘管這種顏色對比也很重要，但更基本的原則，是明確地定義出要讓顧客感受到食物的何種滋味，唯有如此，才能選出符合味道的顏色。

若是黑巧克力產品的包裝紙使用粉紅色，就不可能徹底傳達其濃醇的滋味。就算這是主打為二十多歲女性打造的情人節商品，也不能選擇會破壞黑巧克力本質的顏色，導致顧客感受不到原本應該要有的「不甜的深沉滋味」。

只接待少數客人的私廚餐廳（One Table），就更需要在餐具的顏色上花心思。裝在白色餐具或許適合知名的大型高級餐廳，但在客人期待能更特別的私廚餐廳，使用色彩鮮明的

餐具更為合適。

去濟州島時，會發現有許多個人色彩鮮明的小型餐廳。其中就有打破既有觀念，將壽司碟子裝在獨特顏色的餐具上，並經常上傳到社群網站的餐廳。通常壽司店看到的碟子顏色都是黑色或深褐色，因此無論是在哪家壽司店拍照，看起來都差不多。

ZIPAPE 是一家小型壽司餐廳，深受許多人喜愛，甚至如果沒有事先預約就吃不到。這家餐廳將壽司放在顏色鮮明的粉色碟子後上桌。拍下照片，上傳到 Instagram 之後，確實與其他家壽司餐廳拍的照片大不相同。與眾不同的餐具顏色，是在社群網站上特別受到歡迎的元素。即便只是更改餐具顏色，也能擄獲顧客目光、受到喜愛。明確展現出自身的顏色喜好，對小店來說是很有利的策略。

美味的色彩是存在的嗎？

若是色彩能夠左右味道，那麼用「美味的顏色」製作食物，不是更好嗎？實際上就有這樣的案例。二〇一九年，製

即便只是更改餐具顏色，也能擄獲顧客目光、受到喜愛。

明確展現出自身的顏色喜好，

對小店來說是很有利的策略。

造國民飲料「香蕉牛奶」的賓格瑞，就推出添加荔枝和水蜜桃這兩種熱帶水果的「荔枝水蜜桃牛奶」作為冬季限定商品。儘管它直接採用了與香蕉牛奶相同的半透明圓瓶容器，但牛奶顏色使用的是散發紅珊瑚色的「活珊瑚橘」（Living Coral）。活珊瑚橘亦是當時世界色彩權威機構「彩通」（Pantone）所選定的「年度代表色」，想當然耳，比起白色牛奶，帶有紅珊瑚光澤的牛奶更能讓人強烈感受到水蜜桃的香氣。[iii]

根據想讓顧客感覺什麼口味，可以將食物的顏色設計得更紅或更白。像是肉類，為了讓它看起來更美味，有時還會故意以大火烹調，讓表面顏色轉為深褐色。替食物上色時要避免什麼顏色呢？就是黑色和藍色。人對顏色的反應是源自大自然。對於焦黑食物、藍色的鮮豔毒菇等的抗拒感，是來自人類經驗的共同反應，只不過根據不同文化圈，對顏色的感覺也略有不同。剛開始，外國人看到農心推出的「黑色蝦條」就產生了很大的抗拒感，不過韓國人的抗拒感就相對比較低。這是因為我們慣用的食材或喜愛的食物中有黑色的緣故。韓國人熱愛使用醬油，也保有將炸醬麵視為回憶的食物、吃得很香的記憶。

事實上，想讓食物更顯美味，「光線」要比色彩更重要，不過，即便是光線也帶有顏色。隨著餐桌上輔助燈的光線為黃光、白光或藍光，食物看起來美味的程度也不一。

製造冰箱的公司也在燈光上頭花心思。因為隨著打開冰箱門時亮起的燈光，裡頭的食材也會看起來不同。

蛋糕銷售量突然提高的理由

同樣道理，想使咖啡廳陳列櫃中的蛋糕和三明治等更讓人食指大動，積極使用顏色是個好方法。想讓相同的巧克力蛋糕看起來更濃醇，陳列時應該以什麼顏色為底色呢？怎麼改變陳列櫃內的燈光顏色比較好？

以咖啡廳品牌實例來說，帕斯庫奇（Caffè Pascucci）就曾改變陳列櫃的燈光與底色，成功提高了銷售額。延續約一百四十年傳統的帕斯庫奇門市，透過重新裝修求新求變。最明顯的不同之處就是三明治、甜點的專用陳列櫃。帕斯庫奇將陳列櫃配置於正面，重現了義大利當地咖啡廳的樣貌，而且不只加大陳列櫃的尺寸，內部也有所改變。凸顯食物本

身的底色，以及在上頭替食物打光的照明顏色也都改了。陳列三明治的區域，為了凸顯新鮮感，將泛藍光的白光調整到4,500K；至於香甜可口的甜點，則是使用凸顯黃光的3,000K。亦即，配合每項產品的特徵，調整每一種光源色溫。

不只是照明，陳列三明治和甜點的碟子顏色也不同。以草莓或莓果類製作的蛋糕，是放在白色碟子上，以凸顯鮮豔欲滴的紅色和紫色；至於三明治，為了凸顯烘烤得恰到好處的麵包，則是擺放在褐色木製餐盤上，發出把三明治當成正餐吃也能有飽足感的視覺訊號。精心設計顏色和光線，使食物更顯美味、更有高級感，銷售額自然也就節節攀高。

奢侈品牌要有重量才會大賣

顏色也會影響溫度與重量。實際上，白色要比黑色更能讓室內涼爽。美國德州就有個案例是將公車頂部全部漆成白色，結果夏天車內溫度下降了一〇％至十五％。[iv] 那麼，若是販賣吃起來力求涼爽的食物，餐廳又該如何調整桌面顏色呢？當然應該採用白色桌子。若是希望顧客能從頭到尾感受

到牛骨湯暖呼呼的感覺，則以深色桌子為佳。

顏色也會對重量造成影響。若是分別用白色和黑色包裝紙包裝相同的物品，據說黑色包裝紙的物品會讓人感覺有兩倍重。在一項實驗中，就將一百克的物品以黑紙包裝，另將一八七克的物品用白紙包裝，同時放在兩手上，大家卻覺得重量不相上下。

所以奢侈品牌的購物袋多半是深色的，其中又以黑色最多。即便只是入手一個小型手提包，也要包裝之後，讓購買者覺得提起來沉甸甸的，才會對剛支付完一大筆費用感到更心滿意足。珠寶店用來裝商品的小購物袋，有不少是採用白色。就算是走再平價路線的品牌，若是珠寶產品看起來很廉價，就難以擄獲收禮物之人的心。那麼該使用什麼樣的顏色好呢？儘管使用自家品牌的主色是最理想的，但若是有困難，那我推薦至少要使用黑色或深色包裝紙和提袋。這可同時擄獲購買者與收禮物之人的心，可謂是一箭雙鵰。

我擔任口罩公司顧問時，既有口罩產品在包裝上採用白色和亮藍色調，強調呼吸暢通無礙，但新推出的產品不僅在

顏色也會對重量造成影響。

若是分別用白色和黑色包裝紙包裝相同的物品，

據說黑色包裝紙的物品會讓人感覺有兩倍重，

這說明了為何奢侈品牌的購物袋多半是黑色的。

這方面改善了三成以上，同時過濾外部汙染物質的功能也升級了，因此必須凸顯其推陳出新的技術與高品質。

對此，我建議拿掉現有的亮藍色，以奢侈品牌產品經常使用的無色彩來設計。在包裝上使用白、灰、黑，在中間添加金線，以強調它是技術再升級的高級口罩。銷售量大幅提升，迄今該設計依然深受許多人青睞。這家企業製造口罩的技術本來就卓越，自然是許多顧客的最佳首選，不過包裝的顏色又以更快速、更有力道的方法吸引到顧客。記住，顧客光從顏色就能感覺到價格和品質差異。

初次見到的品牌
讓人產生信賴感的理由

如何使用色彩，專家各有看法

去滑雪場時，會發現有五花八門的課程，從新手到專家應有盡有。若是我們觀察區分課程時是以什麼樣的顏色標示，就會發現我們是透過顏色來判斷「難易」。在滑雪場，初級課程是以黃色標示，難度最高的課程則是以黑色標示。顏色越深越暗，感覺難度越高；顏色越淺越明亮，感覺越簡單。

跆拳道也一樣。初級是綁白腰帶或黃腰帶，段數高者，使用的是深色。黑帶代表的是最高段。這種區分標準具有放諸四海皆準的傾向。從某種顏色感覺到「難」，換句話說，也就是感覺到「專業」。若是善用色彩，就能營造專業形象，提高他人對自身品牌的信賴感。該怎麼善用色彩呢？

撫平不安的深色魔法

二〇一二年，美國快煮餐（meal kit）品牌「藍圍裙」（Blue Apron）初次登場。隨著半調理食品普及的時代到來，快煮餐企業亦如雨後春筍般增加，但因為不是親自買菜下廚，消費者感到不安也很正常。畢竟看不到購買材料的過程，所以「是否使用了好材料？」這點最讓人不安，因此，與「食」相關的問題，更講求「信任」。

藍圍裙選擇用什麼顏色來當品牌主色呢？是使用勾起食慾的紅色或橘色嗎？又或者象徵安心食材的綠色？既然品牌名稱為「藍圍裙」，所以我們可以猜到是採用了藍色。藍圍裙採用的不是亮藍色，而是「深藍色」，其理由就在於深藍色更能帶來專業與高級感。[i]

這與前述巴黎貝甜逐漸將商標顏色調整為深藍色的做法相似。過去，麵包的優勢在於能夠代替米飯，簡單便宜就能解決一餐；但如今卻是就算價格貴一點，也要使用優質材料製作高級麵包的時代。巴黎貝甜將商標顏色改成深色，同樣是為了強化消費者對國民品牌的信賴，同時帶來高級與專業

藍圍裙採用的不是亮藍色，
而是「深藍色」，其理由就在於
深藍色更能帶來專業與高級感。

感。藍圍裙也採用了相同的策略。

顏色的深淺也與價格密不可分。在《想購買的顏色，暢銷的顏色》一書中，英國超市品牌的招牌和商標顏色比較如下：英國超市的平價超市採用亮綠色；高價超市如維特羅斯（Waitrose）採用深綠色；追求優質品牌定位的瑪莎百貨（Marks & Spencer）則是採用黑色。[ii]

由上述案例可知，即便同樣是綠色，淺綠色讓人覺得是走平價路線，深綠色則是走高價路線。透過顏色的變化，能將「就算昂貴也值得購買」的感覺極大化。

運用灰色，再次牽動銷售

在我擔任農協 Hanaro Mart 某分店的顧問時，這家分店只上架全國最新鮮美味的產品，長期以暢銷不墜為傲。那是個只要物品上架就能賣出去的時期，但隨著販賣類似產品的地方越來越多，銷售成長停滯，原本人山人海的顧客數也跟著急遽減少。

我來到現場診斷，踏進門市的瞬間發現每樣東西都是綠色。從入口的招牌到員工制服、包覆陳列架的布料，甚至連地板都是綠色的。主色綠色占了一半以上的空間。由於把主色當成底色使用，導致擺在門市的產品一點也不醒目。擺放在綠底上頭的綠色蔬菜和背景融為一體，所以難以一眼看清。最大的問題點，在於包覆陳列架的淡螢光綠蓋布。鮮豔的色彩讓陳列架上所有商品都顯得很廉價。

我提出建議，若是想要提高銷售量，就必須立刻將地板底色和包覆陳列架的淡綠色蓋布換成深色。不過是將地板統一為無色彩系列，就給人動線更寬敞、簡潔俐落的感覺。

比商品更華麗的淡螢光綠蓋布改成深灰色，調暗了色調，不僅凸顯了商品，也更顯高級。之後銷售額開始成長，顧客數也持續增加，光是改變門市的顏色也能收到成效。

想給人高級感，「色彩」固然重要，但「明度」（明暗）與「彩度」（顏色深淺）也不容忽視。基本上橘色要比黃色更顯高級，但隨著明暗、顏色深淺，黃色也可能更有高級感。

想營造高級感，「色彩」固然重要，但「明度」與「彩度」也不容忽視。

基本上橘色要比黃色更顯高級，

但隨著明暗、顏色深淺，黃色也可能更有高級感。

新創企業應該使用何種顏色？

決定顏色，事實上非常困難，在我擔任品牌顧問時，決定色彩也最令我傷腦筋。決定品牌顏色的標準是什麼？這可區分為三大類。品牌的核心本質、品牌的核心策略、品牌的核心消費者，三者結合起來即是標準。

假設你創立了一家配送有機食品的新創企業。設想主色時，你一定會先想到綠色；但如果這家企業的核心策略在於「凌晨配送」呢？那就要使用會聯想到凌晨的顏色。與凌晨最接近的顏色會是什麼？黑色？黑色是夜晚的顏色，但可不是凌晨的顏色，而且假如主要處理食品的平台是黑色，雖然會給人時髦感，但缺乏活力感。但是，如果使用會令人聯想到日出的黃色，那也是給人比較接近晨間配送而非凌晨配送的印象。

這就是 Market Kurly 的故事。Market Kurly 的主色紫色為何如此強烈？因為它即是令人聯想到「凌晨配送」這個核心策略的顏色。此外，Market Kurly 將自家消費者族群訂為三十代的中產階級主婦，主攻她們熟悉網路訂購流程，以及相較

於買得便宜，就算貴一點也想買罕見物品的心理。紫色即是「高級」的象徵。

「深紫色」即是具備自家核心策略、核心消費者及核心概念的顏色。讓我們來想像一下，萬一 Market Kurly 使用其他顏色會發生什麼樣的事吧。想像淡綠色的 Market Kurly、粉紅色的 Market Kurly 時，都會覺得顏色有損其品牌的核心價值。可以肯定的是，只能是非紫色不可。

人們對顏色產生好感，不只取決於色彩本身美不美，而是能透過顏色形成相互溝通時才會產生興趣。是針對誰、以何種內容進行溝通？展現出最能傳達此過程的顏色時，人們就會產生信賴。

特別是新起之秀，更要在色彩溝通上多下工夫。現有品牌已與顧客之間累積起時間和經驗，但新興企業卻沒有和顧客共同塑造的經驗。到頭來，成功祕訣取決於在最短時間內建立最多的經驗。相較於一百次模稜兩可的經驗，新興企業更需要做到「一次到位」。因此，新興企業、小型企業更應該大膽挑戰顏色，選擇符合消費者的顏色。

讓我們來看看，時尚應用程式 Queenit 的例子吧。Queenit 是一款專為四十歲以上、追求優雅幹練風格的女性所打造的時尚應用程式，擁有許多進駐百貨公司的品牌，但價格卻很合理。Queenit 的品牌顏色為「皇家紫」系列的紫色，初期廣告語為「女王們的選擇」。

　　Queenit 為了符合這句廣告語，選擇紫色作為核心年齡層族群的顏色。萬一 Queenit 像其他時尚應用程式 ZIGZAG 一樣，選擇粉紅色作為主色，或者如同 Kakao 一樣使用黃色，又或是如 Naver 一樣使用綠色，那會怎麼樣呢？恐怕無法如同現在，一舉擄獲四五十歲女性消費者的心吧。倘若 Queenit 這個英文品牌名稱後頭有紫色以外的顏色，就不可能在人們心中留下強烈的印象。

　　Queenit 提供服務不到兩年，就躋身時尚平台前五名，緊接著企業價值也擴大至兩千億韓圜。若是剛起步的品牌想給人相識許久的親近感，就必須採用符合品牌核心策略、品牌核心消費者的色彩策略。

那家咖啡廳有許多周邊商品的理由

讓色彩溝通更強而有力的方法之一，就是善用各種周邊商品。Cafe Knotted 就是運用專屬顏色打造出各式周邊商品，從而形成粉絲群的品牌。這個一天就能將上千個甜甜圈銷售一空的品牌，一開始的營運相當艱難。Knotted 於二〇一七年以販賣蛋糕的咖啡廳起家，但曾因翻桌率低而考慮歇業。為了提高翻桌率，二〇一九年，Knotted 推出甜甜圈商品，原本以金色和深綠色追求高級感的裝潢氛圍，也連同甜甜圈的包裝盒一起改成了明亮氛圍的顏色。此外，Knotted 也推出各式各樣的人物周邊商品，讓品牌有持續曝光的機會。

「美味可口是基本的，而 Knotted 明亮的氛圍似乎深受我們客人的喜愛。」Cafe Knotted 的創辦人李俊範如此說道。運用紫色、粉紅色、象牙等顏色打造而成的小熊角色，同樣擄獲了粉絲的少女心。李俊範也表示，為了好好留住粉絲，就算無法獲得高收益，仍持續為這些支持 Knotted 的粉絲打造周邊商品。[iii]

如同前述，季節顏色最好與季節象徵物一同展現，品牌

顏色也很適合透過品牌角色、周邊商品等以各種形式來大量曝光。可以效法 Knotted 打造出以角色為主的周邊商品，也可以運用自家品牌專屬的圖案。若是水滴、紋路、格紋圖案能和色彩結合，色彩溝通將更加千變萬化。

初次見面，卻一見如故

　　顏色固然能提高信賴感，但也能用於提高歸屬感。有次我看到某位暢銷作家在社群網站上寫下這樣的文字：「感謝全國紅色車款同好會的各位，有了各位的支持，我的書才會成為暢銷書。我們在週末的定期聚會上見。」這些同好會的人既非同門校友，亦非同鄉近鄰，就只是基於擁有紅車這個理由而產生歸屬感並齊聚一堂。儘管透過物品產生夥伴情誼的傾向早有先例，但這種傾向要比過去增強許多。因為假設過去是以就讀學校、出生地等「被賦予的歸屬感」為重，如今我們卻能從各種溝通洪流中觀察到，人們把「選擇性歸屬感」看得更珍貴。因為是自己選擇的歸屬感，因此會想要多加表現、大肆炫耀。想要創造這種欲求時，就能積極善用顏色。

特別是在展現與社會議題結合的歸屬感時，顏色更具立竿見影之效。「粉紅絲帶」即是代表性的例子。粉紅絲帶是一種擊退乳癌的象徵。一九九一年，蘇珊科曼（Susan G. Kommen）乳腺癌基金會，在成功對抗乳癌的生存者參加的馬拉松大賽上分送粉紅絲帶，而也是從這時開始，粉紅絲帶成了女性健康的象徵。每年到了十月，美國紐約處處都能見到粉紅絲帶。這是因為以女性為顧客的各家企業均紛紛推出了別上粉紅絲帶的無數產品。這些企業會捐贈部分收益作為乳癌治療費用。

假如少了粉紅絲帶，這種女性顧客透過消費確認歸屬感的宣傳活動就不成立了。粉紅絲帶大獲成功之後，各方醫學團體也打造了象徵特定疾病的各種絲帶宣傳活動，像是紅絲帶是愛滋病，藍絲帶是前列腺癌，紫絲帶是子宮頸癌等。

試著思考其他絲帶不如粉紅絲帶有效的理由，也能成為善用顏色的標準。顏色強調歸屬感，但這必須是一種「好的歸屬感」才行。它必須是正向積極的，且向人們展現時必須讓人產生好心情。雖然後頭還會詳述，但粉紅色是代表身體健康的顏色。相較於病痛，它所象徵的是戰勝疾病的「健康

在展現與社會議題結合的歸屬感時，顏色更具立竿見影之效。「粉紅絲帶」即是代表性的例子。假如少了粉紅絲帶，這種女性顧客透過消費確認歸屬感的宣傳活動就不成立了。

女性」，因此擴散的可能性高。感到平易近人，意味著「心情好，能感受到活力」，因此作為提高歸屬感的顏色，暖色系及亮色會比冷色系更合適。

觀察以歸屬感為武器的新創企業，有不少採用暖色系作為品牌代表色的案例。南韓首度將讀書會事業化的「Trevari」是採用暖橘色為主色。相反地，觀察各式讀書會的顏色，主要是採用帶有知性氛圍的藍色系。Trevari 深知，閱讀是「個人經驗」，而讀書會卻是「社交經驗」。個人閱讀時無法理解的他人想法，或者原本不感興趣的領域，卻能獲得全新領悟的地方就是讀書會。正是為了凸顯這種特性，所以才會選擇強化社交經驗與歸屬感的暖色系「橘色」作為主色，並降低色調來強調知性感。Trevari 選擇了與其廣告詞「讓世界更知性，讓人更親近」相符的顏色。

最近 Market Kurly 收購的女性職涯成長支援社區「Hey Joyce」也採用明亮、溫暖、能感受到活力的黃色作為主色。創立 Hey Joyce 的李娜利小姐從報社記者、評論家、大企業員工、新創企業創辦人等，至今仍不斷接受挑戰。[iv] 身為在職場上打滾三十年的女性，她帶著一天經歷數十次挫敗，但又

重振旗鼓站起來的心情，成為新創企業的創辦人。作為這種積極活力的象徵，檸檬黃就非常適合。就像這樣，強調社區基礎的歸屬感時，品牌顏色必須選擇暖色系，才能形成更緊密的連結。

讓老人回春的地方，
祕密是什麼？

打造出美人的色彩

有項有趣的實驗：若是把尚未成熟的綠色番茄，一顆用白布，一顆用黑布包起來，哪一顆可以順利熟成呢？通常我們會認為白色會反光，所以用白布包起來的番茄應該不會變熟，但結果卻恰恰相反。

顏色基本上就是光線與波長。所有顏色的波長都能通過白布，相反地，黑布卻吸收了所有顏色的波長。在此情況下，就白布來說，番茄成熟需要的光線會通過白布接觸到番茄表面，但黑布卻因為阻斷了所有光線，所以番茄會以綠色的狀態直接變得乾癟。

我們在自然界中看到的顏色都與光有關。若是將陽光照射到稜鏡上，就會形成七種彩虹色的顏色光譜。所謂的顏色，就是區分成不同波長的光。紅色燈光之所以強烈吸引我們的

眼球，是因為紅光的波長最長，因此會最先映入遠處之人的眼簾。紅綠燈中以紅色來提醒駕駛者停車，也與此相關。宣傳折扣的海報上最好使用紅色，也是因為從遠處就能看到。速度最慢的是紫色。假如用紫色來製作折扣活動的海報，人們的關注程度會很低。如果期望使用紫色仍能引人注目，就只能反覆使用六次以上。

若能理解顏色即是「光」，就能從科學的角度來理解顏色何以引發生物學的反應。想必大家都知道，光線會對植物造成影響。不僅如此，光線對人的身心造成的影響也不容忽視。研究結果就顯示，採光好的病房，患者住院時間短，止痛劑使用量也很低。

用這角度來看，就能理解為何醫院裡患者穿的服裝是「白色」系了。這是因為當光照射到皮膚時，人就會變得更健康，因為白色能讓光全部通過。感冒時，最好穿上白色貼身衣物，若是穿黑色貼身衣物，說不定皮膚會更快老化。

為何醫院患者服都是「白色」系呢？

這是因為當光照射到皮膚時，人就會變得更健康，

因為白色能讓光線全部通過。

年紀越大，越容易受亮色吸引

想感受活力充沛的心情時，人會發自本能想更親近亮色，因此，儘管我們會覺得，人應該會隨著年紀的增長而喜歡沉靜的顏色，但事實卻恰恰相反。若是穿上灰色、黑色、褐色等暗色的衣服時，就會顯得更老氣，心理上也會覺得身體老化得更快。那麼，在各種顏色中，讓人感覺回春、萌生幸福感的顏色是什麼？就是粉紅色。

我曾經參與一個讓老店煥然一新的電視節目。改造對象是一家銀髮女性經常光顧的美容院。走進美容院後，內部全是褐色和黑色。儘管無法購買新器材或大幅更動室內裝潢，但壁紙和美容院的椅套等全換成了粉紅色。即便是年長者光顧的店，但若是布置得太暗，顧客反而會減少，因為映照在鏡子中的樣子會看起來更老。光是把美容院內部換成粉紅色，也能讓上門的顧客感受到活力。

日本的色彩心理大師末永蒼生，耗費三十年的光陰，為孩子們提供自由奔放的色彩體驗。他肯定色彩可以療癒人心、培養創造性的效果。根據末永蒼生的說法，大家或許認

為高齡人士一般會喜歡混濁、沉靜、穩定的顏色，但實際上並非如此。令人意外的是，即便是八九十歲的高齡者，也具有偏好鮮豔色彩的傾向。

關於他的事蹟，最令人印象深刻的，是一家療養院運用「顏色」，擄獲了入住者的心。以療養院來說，因為不是「自己的家」，所以就算必須長期住在那個地方，也很難產生歸屬感與感情。該如何運用色彩解決這個問題呢？這家療養院將房間分成各種顏色，並且讓年長者入住時挑選自己喜歡的房間。執行這項作法後，討厭入住的人變少了，甚至有人還率先預約了自己喜歡的色彩房間。其中人氣最高的是紅色系的房間，即便採光不怎麼好，仍有人願意先登記等候名單。

考慮到顏色具備的這種性質，就能理解到，要是因為顧客年齡層高，就使用暗色或暗色照明，反而可能會把顧客給趕跑。

大家或許認為高齡人士一般會喜歡混濁、沉靜、穩定的顏色，
但實際上並非如此。令人意外的是，即便是八九十歲的高齡者，
也具有偏好鮮明色彩的傾向。

提高讀書效率的色彩，提高創意力的色彩

顏色也有助於緩解緊張，沉穩心情，提高專注力。假設要經營讀書咖啡廳，該使用何種顏色好？要求創意的行銷公司，會議室應該用什麼顏色布置？提高專注力、提升讀書效率的顏色，以及提升創意力，使點子源源不絕的顏色都是存在的。

加拿大英屬哥倫比亞大學的茉莉葉‧朱（Juliet Zhu）教授曾經進行了一項心理測試：測量接觸紅色或藍色時，人的認知能力會出現什麼樣的變化。六百名參加者各自將電腦背景畫面設置為紅色、藍色、紅色與藍色的中間色，接著在該狀態下進行單字或繪畫作業。實驗結果顯示：紅色能刺激人的專注力，對於記憶單字或校正拼寫等細部作業的效果佳；藍色對需要創意的作業很有效，在需要想像力或靈感的測驗中成果尤佳。從這項實驗可知，每件事均有提升其效率的顏色。

那麼，在讀書咖啡廳應該使用何種顏色呢？一般都會說讀書的房間要多用藍色系，但讀書咖啡廳卻是必須快速進

入狀況專注讀書的地方。假如必須提升專注力，在短時間內提高效率，讀書咖啡廳的各個角落最好使用紅色作為重點顏色。可以將紅色畫作裱框掛起來，也可使用紅色窗簾作為重點。若是桌上的杯子或筆為紅色，無疑是錦上添花。

需要動腦集思廣義的公司會議室，很適合藍色牆面。藍色是能帶來開放的心態、和平與安定的顏色，相較於其他顏色，更能帶來穩定感，因此有助於激發有創意的絕妙點子。

紅色與藍色的應用也經常見於廣告。需要對產品進行詳細說明時，廣告背景最好使用紅色。[i] 原因就在於能使觀者專注。不過，若是想告知大眾這是新穎革新的產品或新產品時，則使用藍色背景為佳。

美國的沙克生物研究中心就完全被藍色所包圍。這間研究中心是由首度研發出小兒麻痺疫苗的醫學家約納斯‧沙克（Jonas Salk）所設立。由於疫苗研發之路不順遂，沙克博士便去短暫休假，卻在休假地點獲得了重要的靈感。領悟到空間變化對思考的影響，於是沙克博士便跑去找知名建築師路易斯‧康（Louis Kahn），請他打造出能夠激發創新點子的研究室。

空間動線、方向等固然重要，但這間研究中心令人印象深刻的一點，就是選擇藍色作為空間的主色。

沙克生物研究中心有個藍色蓮花池，所有研究人員的辦公室都能看到蔚藍大海、藍天與中央庭園的藍色蓮花池。為了激發出科學家們的創新點子，路易斯 · 康在空間內引進了許多必要的藍色能量。ii

多年前我上中文補習班時，我感覺到學習狀況要比上其他補習班時來得更好，上起課來也會覺得中文比其他語言更簡單。那間補習班的氣氛猶如咖啡廳，內部燈光也跟咖啡廳一樣是溫暖黃光，椅子坐起來也軟綿綿的，讓人不由得想用中文和老師聊天。即便只學了一年，我的中文實力仍大幅提升，甚至能以中國人學生為對象進行視覺品牌課程。

BBC 曾播映語言學家米歇爾 · 湯瑪斯（Michel Thomas）進行的課程。他以英國倫敦城市和伊斯靈頓學院（City And Islington College）的學生為對象進行五天法語課程，而他第一件做的事就是改變教室環境。將硬邦邦的椅子改成舒適的椅子，擺了花盆，鋪上地毯，燈光也從明亮且帶著藍光的 6,000K，改成

沙克生物研究中心有個藍色蓮花池，所有研究人員的辦公室
都能看到蔚藍大海、藍天與中央庭園的藍色蓮花池。
為了激發出科學家們的創新點子，
在空間內引進了許多必要的藍色能量。

沉靜溫馨的 3,800K。這是因為他深知空間和燈光的顏色會對思考造成影響。

在讓人讀書效率佳的環境中，燈光的顏色要比壁紙的顏色、書桌的顏色更重要。我們的大腦大致可分成 α 波（alpha）、θ 波（theta）、β 波（beta）、δ 波（delta），而這些腦波深受燈光的影響。當大腦達到適當的覺醒水準，啟動 α 波或 θ 波時，就進入了適合讀書的狀態。要如何運用燈光，才能啟動 α 波或 θ 波呢？方法之一就是適當混合自然光與人工照明。想啟動大腦作用，最好燈光不要太亮也不要太暗。

關於燈光與學習的關聯性，已有為數眾多的研究在進行，甚至還有根據科目提高學習效果的色溫研究。碰到需要高度專注力與分析的數理科，藍光（6,000～7,000K）為佳；學習國文、英文、社會等語言為基礎的科目時，黃光（3,800～5,000K）為佳；美術、音樂、體育等藝術或創意力課程，則使用紅光（2,500～3,000K）。[iii] 近年來 LED 燈的技術日新月異，甚至出現能在 2,000～8,000 之間自由調整的檯燈，可以善加利用。

為什麼只有在那裡才看起來漂亮？

　　在對身體造成影響的顏色中，不能不提的就是白色，因為白色能使一切事物顯得清晰。如果是販賣家具或小裝飾品的地方，牆面當然應該要漆成白色。人的臉蛋亦是如此。儘管讓人擁有好氣色，燈光的角色不容小覷，但即便燈光類型相同，以白色為背景時，就更能將整個人襯托出來。亦即，白色顯美。若是咖啡廳想要吸引眾多女性顧客，可以在以白色牆面為背景的位置擺一面大鏡子，如此顧客就能一邊啜飲咖啡，一邊隨時確認自己的樣子並獲得滿足感。

　　白色的反射率高，因此能使人的五官更立體。白色的反射率足足有八八％，但相較之下黑色卻只有二・四％。白色能反射所有顏色，黑色則是吸收所有顏色，因此才會呈現出黑白兩色。若是將牆面和天花板漆成白色，反射率就高，就算設置的燈光不比漆成黑色時多，空間依然給人明亮清新之感，因此可以達到節省電費的效果。

　　在拍攝電影或廣告的攝影棚時，經常使用反光板。這時反光板的寬大面積扮演了將光線柔和反射的角色。反光板能

消除過多的影子，使光線量平均。在白色空間內，就算沒有反光板也能成為美人的理由就在此。在白色空間內，從各種角度反射的柔和光線會接觸到臉部，因此能使臉蛋產生立體感，皮膚紋路變得均勻，看起來閃閃發光。如果追求更柔和的反射光，只要降低白色的光澤就行了。白色的反射率會隨著光澤改變，光澤越低，呈現的光線越柔和。

治癒疾病的色彩

有一次，我頭痛得相當屬害。在經過各種檢查後，也領了處方藥，可是醫師卻說，比起服用藥物，平常要多散步，多觀賞翠綠的樹木草葉，要是情況不允許，就在書桌上放個花盆，多親近綠意。我聽從醫生的囑咐，將花盆擺在近處，不時欣賞它，後來體驗到頭痛症狀消失的效果。可是，果真是綠色對我們的健康造成了直接的影響嗎？

美國賓州大學的研究人員以居住地的閒置空間改成綠地為基準，測量了居民在此前後的精神健康；結果在綠地附近的居民中，約六成三自認精神健康改善了。[iv] 在醫界也已多

次證明，綠色具有鎮靜效果，實際上也具有治療能力。

隨著人們逐漸在各個領域著眼健康與環保，「綠色」也成了備受矚目的顏色。對食安與環境敏感的消費者增加，環保、健康生活等蔚為流行，「綠色包裝」的用語也隨之登場。

圃美多（Pulmuone）是最積極採用綠色意象的代表性企業。不只是公司商標與配送車輛，圃美多就連大部分產品也都推出綠色包裝。圃美多能夠保有生產眾多環保產品的形象，積極使用綠色扮演了重要的角色。以 CJ 來說，「好餐得（해찬들）辣椒醬」更新產品包裝，在正面採用綠帶環繞包裝的例子就很具代表性。嘗試綠色包裝之後，銷售額大幅上升，占有率甚至達到第一，其效果可見一班。

不只是環保產品、有機農食品、再生與二度使用相關的產品，乃至於混合動力汽車，各行各業都積極使用綠色。漸漸地，也開始有顧客對綠色產生疲乏感，綠色無法創造出明顯差異性。直到最近，企業則展現出採用藍色取代綠色做為環保形象的趨勢。

儘管選擇藍色取代綠色無疑是個好辦法，但也能利用輔助色來減少疲乏感。餐廳就是一例。就算綠色象徵健康好了，但若是餐廳使用大量綠色，反而可能會給人不好吃的感受。它可能會讓人聯想到草的味道，覺得食物帶有苦味。這時可以同時使用橘色與黃色作為輔助色彩，就能減少苦味感，提高對各種口感的期待。

十多歲世代
為何酷愛黑色？

以色彩攻略世代與喜好

渴望讓我的產品、我的品牌大獲成功的人，最初會對色彩有什麼樣的想法呢？他們大概會做如是想──

「我的顧客偏好什麼樣的顏色？」
「我的顧客認為自己適合什麼樣的顏色？」

回答這個問題並不容易，尤其是站在挑戰者位置上的企業或剛起步的新創企業，多半會對顏色產生選擇障礙，因為顧客對他們的定位尚未有清楚的認知。這時，黑色經常成了一時之選。

根據美國市調公司「視覺圖解資本家」（Visual Capitalist），五十家獨角獸企業中，有三成八的公司會選擇黑色作為品牌色彩。汽車共享服務廠商 UBER、辦公室租借服

務 WeWork、以「絕地求生」這款遊戲廣為人知的遊戲公司魁匠團（Krafton）也都是使用黑色。關於此現象，視覺圖解資本家分析，黑色暗示著從無到有的創造哲學，它亦是表現時髦感的最佳選擇。

十幾歲世代之所以最偏好黑色，理由也與此相似。十幾歲世代雖然精力充沛，但仍處於自我風格尚未確立的成長期。同時，黑色又能替這個世代具備的特質，為他們挑戰既有權威、企圖擺脫慣習的心理發聲。黑色是最具個性、象徵年輕的顏色，也具有不追隨流行的特徵；因此新創企業嘗試對年輕族群進行色彩溝通時，可以積極採用這個顏色。

面試要求穿白襯衫、黑色西裝的理由

色彩溝通之所以重要，就在於顏色具有展現群體或個人身分認同的性質。對顏色的喜好會隨著年紀改變，隨著時代變遷改變，但人們深信顏色與人類的性格有關。根據某人喜歡什麼樣的顏色，還能推測那人的性格，像是喜歡紅色之人具有熱情的性格，喜歡綠色之人的個性沉靜。因為人們具有

黑色是最具個性、象徵年輕的顏色，

也具有不追隨流行的特徵，

因此新創企業嘗試對年輕族群進行色彩溝通時，

可以積極採用這個顏色。

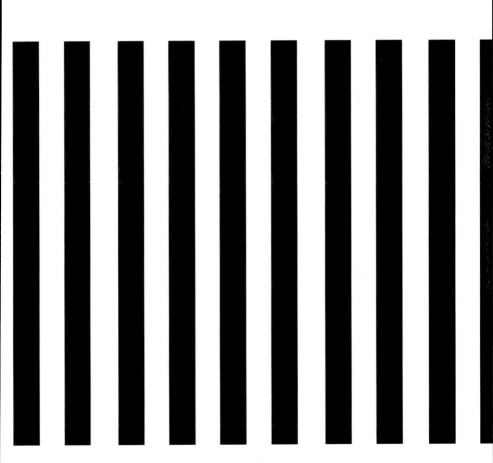

此等認知，所以即便實際上我的個性很沉靜，但只因為我穿了紅色的衣服，對方很可能就覺得我這人很外向。

「你喜歡什麼樣的顏色？」這個問題儘管單純，但回答之人卻會感覺到自己似乎必須透露出真實面貌。面對這個問題，有人可以明確說出單一顏色，也有人會說出好幾種顏色。光憑提及的顏色數，也透露出那人的個性。相較於喜歡單一顏色的人，回答喜歡好幾種顏色的人很可能具有開放的性格。假如你不曾想過自己喜歡的顏色，有可能是因為你的性格淡漠。

若理解了顏色會決定印象，就必須有策略地選擇顏色。國內航空公司的空服員面試時，通常會要求穿白罩衫與黑色短裙。這固然是因為空服員這個職業要求呈現端莊冷靜的一面，但另一方面也是企業為了盡可能排除衣服顏色或風格造成的刻板印象，使面試更加公正，因而採取的策略。

我們也可以反過來利用這點。若是要去重視性格活潑的公司面試，穿著明亮顏色要比沉穩的顏色更能留下良好印象。如果是要去參加進行重要協商的場合，該穿什麼顏色好

呢？可以穿帶來信賴感的藍色，也可以穿看起來強勢的黑色。不過，黃色並不是個好選項。黃色固然會帶來積極樂觀的感覺，但也會讓人看起來輕浮。因為一不小心就可能會顯得不慎重，因此參加商業會議或面試時最好避免。

對抗星期一症候群，就穿橘色系

顏色也對自我激勵造成影響。碰到活力低落的日子，可以刻意穿上綠色衣服，讓自己打起精神。不想上班的日子，可以換上能激發自信感的紅色或橘色系衣服。若是想克服星期一症候群，也可以在星期日晚間，事先將自己最喜歡顏色的衣服取出放著。若是父母訓斥孩子時，身上穿的是黑色衣服，就會顯得更嚇人，因此這點也要留意。要是擔心平時給人造成高傲冷漠的印象，就試著多穿柔和粉彩的衣服吧。如此既能改變印象，實際上也能感覺到自己性情的轉變。

企業選擇什麼色彩的制服，也會左右員工的工作氛圍。維珍集團（Virgin Group）的創辦人理查 · 布蘭森（Richard Branson）以熱情十足、活力充沛聞名。有英國賈伯斯（Steve

Job）之稱的理查‧布蘭森，曾經歷國中輟學、閱讀障礙等困難，最後成功創業。他曾定義自己的成功祕訣為「挑戰與熱情」，並將航空、火車、通訊等所有事業領域的品牌色彩統一為紅色。維珍集團的會員應用程式名稱為「Virgin Red」。維珍集團的員工一律穿著紅色制服，為顧客提供親切開朗的服務。萬一他們穿的是白色或藍色制服，想必要營造活力十足的氛圍就沒那麼容易了。

情緒上必須讓訂閱者感覺有一體感的 YouTube 創作者，也會透過顏色進行溝通。經濟理財型 YouTuber「申師任堂」始終只穿黑色衣服出現。他以不容許任何裝飾的「黑色」，來表現自己「就算是平凡上班族，也能搖身成為成功事業家」的某種信條，提高了這些共享相同價值觀之人的一體感。代表 Y 世代價值觀「做著自己想做的事生活」的 YouTuber 創作者「Drawandrew」，則是以深綠色作為個人標誌色彩。不僅是服裝，包括整個影片背景均放上綠色，將青年世代對成功與幸運的期待心理極大化。

維珍集團以具挑戰性、富有熱情的企業文化聞名。
假使當初不是選擇紅色，而是以白色為主色，
想必就無法營造出相同的企業氛圍。

時尚人士對島嶼趨之若鶩的理由

隨著顏色的重要性與日俱增，乾脆將顏色的名稱放入商標的情況也屢見不鮮。根據特許廳資料，將顏色名稱放入商標者，一九九九年有九六七件，到了二〇〇四年持續增加至一四一一件。就像相較於「媽媽的圍裙」，「媽媽的藍色圍裙」的商標要給人更鮮明的印象。

即便是顏色的使用似乎相對不重要的領域，也開始投入色彩行銷。Unimed 製藥已從二〇一四年開始將自家製造的藥盒加入七種不同的顏色，包括消化系統、泌尿生殖系統、呼吸系統、循環系統、肌肉骨骼系統、精神神經系統、眼科系統等。依各種疾病決定顏色時，反映了顏色的性質。舉例來說，消化系統的藥盒穿上了橘色，但這是因為橘色能使人體感到溫暖，具有幫助消化的效果。

原本這是藥師們在製造藥物時，為了避免相似的藥盒混淆所發明的。這讓人很自然地就對這家藥廠的藥師產生了信賴，而這也表示原本擺滿白色藥桶的製造室同樣投入了色彩溝通。

不過，即便面對這樣的趨勢，無論是企業或個人，要妥善運用顏色都不容易。判斷哪些顏色適合我們企業和產品實在很難，也不免會擔憂挑錯顏色。百貨公司的櫥窗雖然陳列了吸睛的華麗服裝，但實際上最受顧客青睞並入手的衣服卻是黑白灰三色。

不過，若是重視與顧客之間的溝通，尤其是必須勾起顧客情感的行業，就必須努力尋找自身的顏色。關於顏色，無須過度恐懼。假使嘗試和顧客進行顏色溝通卻不見效，固然可能是因為挑錯了顏色，但也有不少是因為溝通方式有問題。

要是決定了品牌顏色，卻少了盡情發揮的舞台，也就失去了它的效用。特別是決定主色之後，又使用各種其他類型的顏色，導致色彩行銷失敗的情況所在多有。不固守適合自己的顏色，反而追隨各種流行色彩的情況也不少。色彩心理學大師凱倫・哈勒稱此為「雜訊的顏色」（color noise）。如果不想被這種雜訊困住，就需要為「我的顧客認為我們適合何種顏色？」找到明確的答案。

顏色給人帶來最快速的印象和直覺性的訊號，但選定顏色卻必須是科學並具有邏輯的。顏色形同「語言」，是表現「我」的情感與想法的工具。假如認為「因為這種顏色很流行，所以我使用這種顏色，大家就會喜歡」，可能會是一種宣告自己要用與他人無異的做法和顧客進行溝通的愚昧行為。

顧客並不希望「和別人變得相似」。顧客想尋找令自己特別的經驗，試圖擁有能證明該經驗的證據。如今是多樣性的時代。若在各式選擇琳瑯滿目的時代，卻缺少了我專屬的「致勝色彩」，就很難獲得大眾的青睞。

使用顏色表現定位，不止企業行銷，也廣泛應用於各種領域。全羅南道新安郡安佐也以紫色島嶼（Purple Island）而聞名。島上處處均漆成紫色，在成為巴黎時裝秀拍攝地後一炮而紅，成了熱門打卡景點。只要身穿紫色服裝或名字帶有「紫」字，還能免費入島。島上村莊裡家家戶戶的屋頂、橋梁、道路等均是淡紫色，與蔚藍大海、翠綠山頭相映，營造出神祕的氛圍。由於必須乘船進島的島嶼旅行交通不便，因此，若能醞釀對島嶼旅行的幻想，並在視覺上

呈現出夢幻感，旅客的滿意度就會大增。二〇二一年，安佐也被世界觀光組織（UNWTO）評選為最優秀觀光小鎮，成了國際上知名的觀光地點。

　　死前非去不可的旅遊地點——希臘的聖托里尼，也是個小島。這座島嶼之所以著名，也是因為藍色屋頂與白色牆面造就的強烈意象所致。色彩即是如此，能比言語更快速找到定位，成了將追求該定位的人召集起來的絕佳工具。

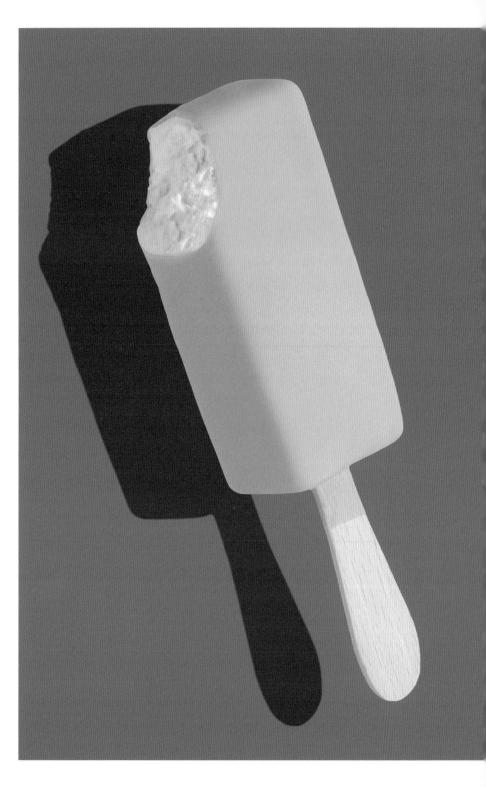

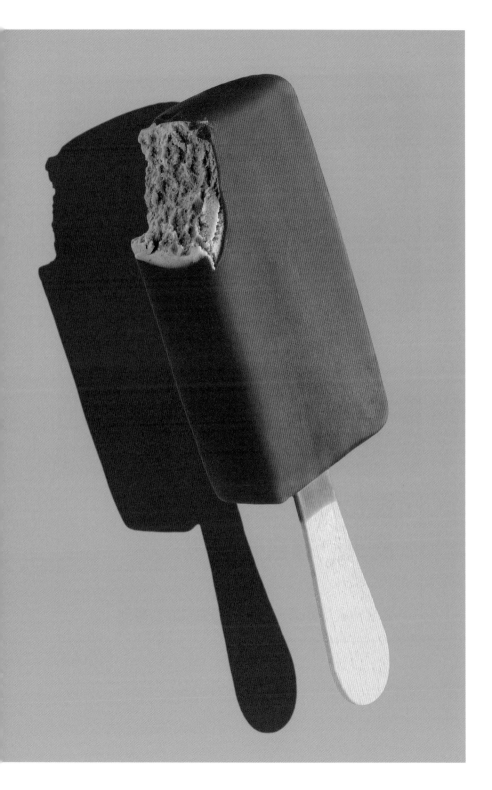

強化幻想，
皮夾就會自動打開

從召喚成功的單一色彩，到強烈的互補色

如果顏色能誘惑人，那麼使用越多顏色不是越好嗎？使用各式顏色一決勝負的服飾品牌班尼頓、颳起人氣旋風的現代信用卡 M 系列、在白色家電領域引起熱潮的三星電子 BESPOKE 系列等，都是先前使用各種顏色成功的案例。那麼我的品牌或企業也使用繽紛的色彩不是更好嗎？不過，要將各種顏色運用得恰到好處並不容易。

專家深諳各種「配色」方法。最近提供由專家事先配好和諧配色樣本的網站也變多了，搜尋這類資訊並加以善用也不失為好辦法。不過，就算不懂專業或各種配色技巧，只要掌握幾個重要原則，就能打造出成功的色彩溝通策略。

長銷商品的共同點

善用顏色，首先就從尋找我專屬的單一顏色開始吧。善用顏色的理由，是為了快速勾起消費者的情感。為了達到此目的，顏色所傳達的訊號就必須夠明確。人類無法記住太多東西，大腦只能記住至多三種顏色。假設眼前看到了三種以上顏色，人們通常不會全部記住，而是只記得一個強烈的顏色。選擇最被強烈記住的「單一顏色」，即是色彩溝通的基礎。與其錯誤使用繁雜的色彩，善加使用一兩種顏色更能事半功倍；所以，我專屬的「主色」就很重要。

觀察成功的品牌，為數眾多的案例均是以單一顏色一決勝負。明確定義要帶給消費者何種感覺，並決定與其相符的顏色為佳。想想可口可樂或寶礦力水得等長銷產品吧，這些產品都是由紅色、藍色等單一顏色設計而成。

使用單一顏色，固然能帶來明確的印象，但可能會讓人感到枯燥乏味。這時就可以添加白色。可口可樂、寶礦力水得的商品名稱是採用白色，但事實上這種情況主色也應該視為一種顏色。因為白色在此並不是另一種顏色，而是被視為

觀察成功的品牌，為數眾多的案例均是以單一顏色一決勝負。

明確定義要帶給消費者何種感覺，

並決定與其相符的顏色為佳。

「沒有紅色的部分」，亦即沒有顏色的部分。它扮演了使紅色、藍色的感覺更鮮明的角色。

若在主色上頭加上白色或黑色邊框，也能造就使用單一顏色卻有不同的感受。白色邊框具有能使顏色鮮明的效果；黑色邊框則是就算主色較弱，也能凸顯該顏色表現的意象。假設黃起司造型是我家品牌的商標，要在黃起司上頭加入白色或黑色邊框，感覺將截然不同。若是選擇灰色，又會營造出另一種感覺。

要是不滿意自己選擇的單一顏色，調整明亮或黑暗的明度，要比直接換掉色彩更理想。時尚應用程式 Queenit 剛開始是在自家商標上採用漸層紫，但很快地就改成了亮紫色。

「我們的口號是『4050 的專屬時尚應用程式』。所以商標採用王冠外型的曲線，顏色則是使用了漸層紫，但顧客並不喜歡被稱為 4050（即四十代與五十代），也提供了顏色必須更年輕清新的意見。我們立刻就回應意見，修正了顏色，目前的顏色和商標讓人感覺更年輕時髦。至於口號，也改成了『很懂穿衣服的姊姊的時尚應用程式』。」

這段話，是我聽 Queenit 的負責人崔熙民本人說的。如同在 Queenit 案例看到的，假如相較於色彩，能花多點心思在明度上頭，就能更輕而易舉地選擇符合我的顧客的主色。

如何創造誘惑感

如何更積極地使用明度的差異？就是在單一面積和單一顏色內使用漸層。漸層指的就是讓顏色有層次深淺的變化。亦即，在單一顏色上添加白色，使其更明亮，或者添加黑色使其更暗，連續展現出色彩變化。漸層會讓人感覺到方向，所以根據如何使用，會左右人的視線。可以從右到左，也能由上至下。此外，如果使用圓形的漸層效果，也可以最明亮的部分為中心，聚焦目光。

善用漸層時，若是暗的部分（低明度）在下方，就會帶來穩定感。相反地，假如暗的部分在上方，就能營造出朝氣蓬勃、充滿誘惑的感受。

試著回想咖啡廣告吧。我們會看到當咖啡粉溶於水時，深褐色往下滲透的畫面。這時，暗的部分在上頭，同時又傳

達出魅惑迷人之感。這是化妝品、酒類、巧克力等產品經常使用的方法。若在上方使用暗色，在下方使用明亮的低明度顏色，就能給人誘惑之感；但也會創造出輕浮的形象，因此並不適合高價的產品。

使用漸層就能予人高級感。高級感等同穩定感。觀察高價的名牌手錶或珠寶廣告時，可看到下方使用低明度色彩來呈現漸層。高檔汽車廣告也會將低明度顏色放在下方，帶來穩定感。

光看到該品牌的服飾就感到幸福

單一顏色具有能給人鮮明印象的優點，但也會碰到已有其他品牌或產品選用我想使用的色彩，因此難以造成差異化的缺點。此外，單一顏色用在狹小面積時讓人印象深刻，但若用在大幅面積時，則可能顯得乏味。

碰到這種時候，同時使用兩種顏色也不錯。特別是同時使用相似的兩種顏色時，能帶來更生氣勃勃、多采多姿的感受。黃色和橘色搭配使用，會比個別使用時顯得更加輕快。

善用漸層時，若是暗的部分在下方，就會帶來穩定感。

相反地，假如暗的部分在上方，

就能營造出朝氣蓬勃、充滿誘惑的感受。

使用雙色的第二種方法，就是使用「互補色對比」。

互補色指的是色譜上彼此對稱的顏色。

最具代表性的互補色是紅與綠、藍與橘黃、黃與紫。

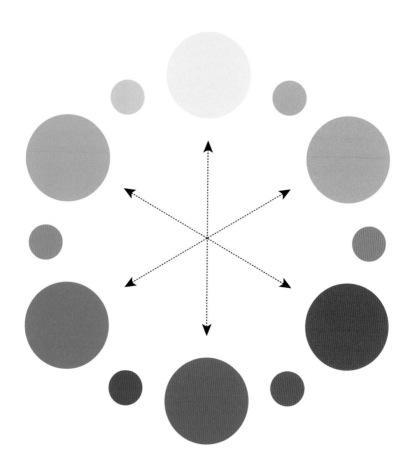

使用雙色的基本方法，首先，是使用感覺相似的色系。若是顏色之間的距離相近，就能勾起相似的情感，彼此會很協調，而這也能成為安全的設計策略。萬事達卡就是善加運用類似顏色的代表性案例。橘色與紅色既協調，同時又展現出大膽活潑的品牌形象。

使用雙色的第二種方法，就是使用「互補色對比」。互補色指的是色譜上彼此對稱的顏色。最具代表性的互補色是紅與綠、藍與橘黃、黃與紫。在此情況下，對比強烈且十分醒目，這些亦是無數品牌和廣告等，所使用的基本互補色。

同時使用互補色對比的顏色，就能帶來鮮明、明亮的感覺。此外，也由於彼此完全對比，因此具有明確帶來強調效果的優點。互補色對比，已被無數次應用在需要「緊急、直覺」功能的地方。以智慧型手機為例，通話按鈕是綠色，而結束通話按鈕則是紅色，通話與結束是相反情況，也使得開始與結束的行動變得更明確。紅綠燈亦同。通行時是綠燈，止步時是紅燈，不過原本紅綠燈並非用顏色來表示。觀察早期紅綠燈的照片，只有標示通行（walk）和止步（stop）的文字而已。因為隨著汽車駕駛速度變快，需要更迅速也更明確的

提醒，所以才加入顏色。

假如紅綠燈不是使用紅、綠互補色對比，而是像綠、藍等相似色系的配色，想必意外將會層出不窮。互補色對比即像這樣，在我們日常中最常使用於調整人類的行為，使其採取行動。

互補色對比，尤其經常使用於時尚廣告。以班尼頓來說，固然是因為製造了各種色彩的服飾，所以才引人注目；但也因為實際上製造了許多採用互補色對比的服飾，所以才顯得繽紛活潑。

在網路上，互補色對比就用得更多了。時尚應用程式DINT 即是代表性的例子。DINT 採用了誇張的設計加上強烈的色彩，雖然當你看著諸多商品圖片，都會忍不住心想：「究竟誰會穿成這樣啊？」但 DINT 的成長迅猛。實際上，自創業以來，DINT 的銷售額持續成長，從二〇〇九年的三十億韓元，到二〇一二年五〇億元，二〇一三年直接破百億元，二〇一六年則創下了二八〇億元的好成績。

DINT 販賣的誇張、華麗色彩的時尚之所以流行，就在於這是個影像和意象普及的時代。過去影片只能在電視上看到，但在智慧型手機和 YouTube 時代則是充斥著非看不可的影像。過去，在影片上出現的人僅是少數，但如今有無數人在影片上登場。因此，若是影片的主角想留下強烈印象，身穿與日常相似的服裝就難以吸睛。

　　因此，參加節目的來賓的時尚風格逐漸誇大。誇張寬袖、強調肩線設計的服裝與日俱增，襯衫或夾克上的領子也加大了。原本是在遠處也必須夠醒目的音樂劇演員或歌手身上穿的時尚風格，卻跑到了螢幕的影片內，且不只是設計，就連顏色也更為強烈，因此，採用互補色對比的服裝才會隨處可見。

　　使用互補色時，若還能考慮到明度和彩度的差異，視覺上將會更多采多姿。同樣是使用黃與藍互補色對比的國旗，但瑞典國旗使用的藍色更深更暗；相反地，烏克蘭國旗使用的藍色並不像瑞典那麼深。因此，即便使用類似的互補色對比，瑞典國旗給人的感覺更鮮明。

同樣是使用黃與藍互補色對比的國旗，

但瑞典國旗使用的藍色更深更暗；

相反地，烏克蘭國旗使用的藍色並不像瑞典那麼深。

因此，即便使用類似的互補色對比，

瑞典國旗給人的感覺更鮮明。

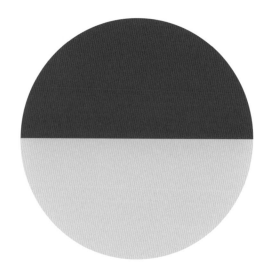

想快速銷售，用色就要大膽

　　有句話說，想讓消費者盡快購買，就要讓他們心跳加速。意思是說，心情要夠興奮躁動，皮夾才會自動打開。運用色彩時，帶來心動感也很重要，特別是第一印象。如果是實體門市，就要在入口處搭配大約兩種高彩度、明亮輕快的顏色，讓顧客擁有好心情。網站也相同，在首頁看到的主要橫幅廣告，最好時時配置明亮輕快的顏色。

　　銷售週期短、價格低廉的產品，就有必要使用更大膽的色彩。最簡單的例子就是襪子。價格越低的襪子，顏色越鮮艷的銷售量越好。這類襪子不需要摺疊整齊，成列整齊擺好，只要能營造出輕快感，就算放在大籃子之類的也可以。顏色帶來的輕快感和隨意的陳列方式，會降低對購買的心理抗拒感，因此就算沒有需要，也會讓人忍不住入手一雙。

　　在網路購物中心上販賣產品也一樣。販賣價格低廉的產品時，將各種顏色準備齊全，展現出繽紛的色感，將有助於銷售。

若在這時也能善用互補色對比，效果尤佳。陳設運動鞋時，若是能將紅色運動鞋和藍色運動鞋交錯，會比全部只擺紅色運動鞋時，目光更容易集中，也更快激起購買慾。

網路購物時，為了誘導消費者達到免運的金額，會推出誘餌商品。以誘餌商品來說，它的價位必須夠低，是每個人不可或缺的必需品，而且最好是使用頻繁、汰換快速的消耗品。如此一來，消費者自然就會產生「反正也需要，不如就買一個」的心理。這時，色彩也起了作用。顏色鮮艷的產品能快速勾起衝動購買的欲望。舉個例子，就誘餌商品來說，紅色襪子要比淡藍色襪子更合適，因為雖然沒有需要，但強烈的顏色會引發「要不要買買看？」的心理。

想避免顧客只碰不買

互補色對比固然醒目，但應用上風險也不小。使用互補色很適合比喻為「在公司和主管四目相交」。互補色對比是引起幻想的組合，因為很顯眼，所以能一下子就捕捉顧客的目光，但期望越大，失望的可能性也就越大。

互補色對比是引起幻想的組合。

因為很顯眼，所以能一下子就捕捉顧客的目光，

但期望越大，失望的可能性也就越大。

服飾門市會使用互補色對比，為人型模特兒搭配服裝，看似時髦，但若是有人如法炮製換上相同的衣服，多半都會大失所望。為什麼穿在人型模特兒身上的時髦衣服，到了我身上卻一點都不好看呢？首先，原因之一就在於人體模特兒沒有臉。就算有臉，但要不是沒有眼鼻口，不然就是不明顯，有上妝的情況少之又少，而且也沒有表情。

不過，人的長相和皮膚色皆不相同，所以就算穿上一模一樣的衣服，有些人穿了適合，有些人卻不適合。再說了，互補色的顏色對比強烈，因此雖然看起來順眼，但實際穿上時卻完全不是平時人們習慣的穿搭，所以顯得很彆扭，也很可能產生心理壓力。此外，由於色彩鮮艷，要適合每個人無疑是天方夜譚。

考慮到這點，使用互補色對比的陳列，固然能以華麗強烈的顏色吸引人，但顧客實際進門後卻可能難以下手購買。若是這樣，也就難以提升銷售額。因此，讓人體模特兒穿上互補色對比的衣服，或者使用互補色對比陳設產品，以此成功吸引顧客之後，接下來也要在門市內備妥讓顧客能毫無負擔地挑選的其他產品。網路購物中心也一樣。若是以華麗

色彩的產品吸引了顧客的目光，就要同時備好實用性高的產品，銷售額才會成長。

互補色能吸睛，但也可能降低信賴度。若以電視節目來比喻，這比較接近綜藝節目而非紀錄片。若是時事討論節目的來賓以互補色穿搭現身，或許能夠集眾人目光於一身，但也可能顯得不夠專業。如此一來，來賓的談話內容就難以帶來信賴感。選擇彩度低的衣服、色彩對比低的衣服能提高信賴度；同理可推，高價產品、強調專業性的產品最好避免使用互補色。就算要用，降低明度和彩度再使用，會好上許多。

店員突然變親切的理由

使用三種以上的顏色時，各色必須各司其職。基本上指的就是主色、互補色和底色。使用三種以上的顏色時，組合無窮無盡，選擇太多了。因此，比起選擇何種色彩，顏色該如何搭配更重要。決定配色和諧與否，取決於顏色的明暗、濃淡深淺，當顏色一多，明度和彩度的重要性就高於色彩。

美國畫家喬治亞 · 歐姬芙（Georgia O'Keefe）曾說：「色彩於我是一種魔法。」觀察歐姬芙所偏好描繪的巨型花朵畫作，可以很快看出色彩明度和彩度的重要性。喬治亞 · 歐姬芙雖然使用了各種顏色，但她將明暗搭配得恰到好處，創造出獨樹一格又和諧的色彩世界。就算使用相同的色彩，也會依據明度和彩度的不同，時而創造出穩定的和諧感，抑或是令人不適的衝突感。

　　這是我擔任美學品牌顧問時的事。該品牌是以青春洋溢的二十代女性為主要客群，將消費族群偏好的桃紅色定為主色，互補色為淡灰色，底色則是白色。品牌將主色桃紅色，反覆用於外部招牌、櫃檯、諮商室玻璃門貼、員工制服及諮商表，但在大面積反覆使用桃紅色，反而使空間整體給人過紅、太過強烈的印象。原本是想激發顧客的正面情緒，卻是適得其反。

　　首先，必須調整色調。先把占據最大面積的諮商室玻璃門貼換成淡粉色。淡粉色是能緩和尖銳情緒、恢復心情的色彩。改變色彩之後，顧客的內心平靜下來，自然就會吐露內心深處對美容的苦惱。此外，制服顏色也改成了淡粉色。顧

無論顏色再具魅力，若是使用面積、明暗、濃淺處理不當，
就難以博得好感。
要如同調節聲音強弱般去使用顏色。

客們對此相當滿意，覺得管理人員給人的印象更柔和也更親切了。根據想傳達的情感，並且適當地調整主色的色調後，獲得了顧客的熱烈好評。

色調是一種綜合明度與彩度的概念，指的是顏色的明暗、濃淺、強弱的差異。色調與情緒或氛圍密切相關。如同進入某種空間或網站時會感覺到「好強」、「好可愛」、「好柔和」等，人們在看到色彩搭配時，所感受到的情緒會有共同點。記住，品牌可透過調整色調，創造想要表達的情感，即使是同一種主色，透過調整色調，就能給人千變萬化的印象。

如果想要運用的顏色越多，品牌定位就必須越清楚。因為根據自家品牌標榜的理念、我的品牌核心顧客是誰，得以決定整體色調。以採用高價策略的品牌來舉例，就算運用了五花八門的顏色，也必須在整體上維持深色調。相反地，若是採取低價策略的品牌，就必須打造出更淡、更明亮的色調。

一次使用許多顏色時，呈現顏色的背景和空間至關重要。背景和空間必須夠大，也必須是近乎無色彩。就像是走進飯店或百貨公司的入口時，雖然裡頭擺著鮮豔的畫作或五

彩繽紛的鮮花，但並不會給人繁雜的印象，反而感到生機盎然。主要原因就在於空間夠寬敞。因為天花板夠高、入口夠寬敞，整體空間開闊，因此即便鮮豔色彩帶來的能量強烈，卻不至於令人不舒服。

再說了，飯店或百貨公司入口的牆面或地面幾乎都接近無色彩，多半都是採用米白色或灰色大理石。這些地方的問題反而是太缺乏顏色了，以至於無法在此陳列商品或擺放家具。善用這些空間，讓顧客擁有好心情，增添其活力的方法，就只有擺放色彩斑斕的花朵了。

為何進了那間購物中心
就不想走？

讓人買不停的空間祕密

IKEA 是支配全球家具市場的企業，其名聲固然來自於講求實用的設計及高 CP 值，但最關鍵的還是在於 IKEA 展示產品的方式。進入 IKEA 賣場後，會先讓顧客體驗使用 IKEA 產品布置的客廳、廚房、寢室及書房等，至於購買產品則是後頭的事。這即是先誘導顧客產生「真希望我們家也能像這樣」的幻想，再使其進一步購買產品。

如今，有許多家具業者都效法 IKEA 布置展示間，但 IKEA 打造出與實際住家無異的細緻程度卻是獨占鰲頭。此外，IKEA 也不愧為北歐品牌，善用色彩，展示間也充滿活力、生動感十足。我也抱持著彷彿自家能打造出那種時髦空間的期待感購買產品，但實際擺放在家裡或店面時，卻無法呈現出在 IKEA 賣場看到的感覺，因而大失所望。原因就在

於 IKEA 的賣場和我的空間的配色不同。根據壁紙顏色、其他生活用品的顏色如何搭配，即便是相同產品，感覺也會天差地遠。

運用色彩最敏感的地方就是實體空間。即便是相同坪數，某些空間看起來雜亂無章，窄到沒有任何可以立足的空隙；相反地，某些空間從走入的那一刻，就讓人感到明亮無比，甚至產生彷彿比實際面積更寬敞、更舒適的錯覺。

這即是來自壁紙顏色、家具、擺設配色的差異。若是能理解運用色彩營造氛圍、提高實用性的法則，就能促使顧客打開荷包消費。

紅色汽車感覺離我更近的理由

當大小相同的藍色汽車與紅色汽車處於同一位置時，會感覺藍色汽車的距離更遠。相反地，紅色汽車卻足足近了七公尺，這就是顏色造成距離感的不同。

比實際距離更近或更遠的顏色，都是存在的。即便是相

同距離，感覺更近的顏色為紅、黃等暖色系，至於藍色等冷色系，即便是同一距離卻感覺更遠。這稱為「前進色與後退色的顏色效果」。

為什麼會產生這種差異呢？是因為每種顏色的折射率不同所致。紅色的折射率小，因此會在視網膜內側成像。如此一來，我們眼球的水晶體就會為了聚焦而膨脹。亦即，眼睛會變成凸透鏡，使紅色物體看起來較近且膨脹。相反地，藍色的折射率大，因此會在眼球的視網膜正前方成像。為了成像，水晶體會變薄，所以藍色物體看起來較遠且收縮。[i]

根據這種原理，空間也會隨著顏色而有遠近、寬窄的差異。即使是一模一樣的面積，漆成亮色的部分看起來更寬敞，漆成暗色的部分看起來更小，而這就叫做「膨脹色與收縮色的效果」。越接近白色的亮色顯得越大、越近、變得膨脹；越接近黑色，則造成收縮的感覺。想讓自己顯得苗條時會穿上黑色衣服，就是因為這種效果。

即便是相同距離，感覺更近的顏色為紅、黃等暖色系，

至於藍色等冷色系，

即便同一距離卻感覺更遠。

讓空間擴大兩倍的方法

即便知道使用亮色，空間看起來就寬敞，使用暗色，空間就顯得狹隘的原理，但有時要將所有空間都布置得明淨敞亮仍有難度。一切均是白色的空間可能會讓人感到平淡無趣，也難以展現屬於我的個性。該如何運用顏色才好呢？

首先，運用於空間的顏色大致可分成：成為重心的底色（base color）和營造感覺的強調色（accent color）。若用穿著來比喻，假如上半身或下半身的顏色為底色，那麼圍巾、帽子、皮包、皮鞋等就屬於強調色。

假設有七成至八成的空間使用底色，最好有二成至三成使用強調色。強調色不見得只有一種，但如果過度使用色彩，不僅會分散注意力，也會導致空間狹窄滯悶，因此要特別留意。

底色：大面積的顏色；中心焦點的顏色；占整體空間的七○％～八○％。
強調色：面積較小的顏色；造成強烈印象的顏色；占整體空間的二○％～三○％。

若想讓空間顯得寬敞，與其使用多種強調色，配合單一色調使用尤佳。比方說，可以統一為粉色、橘色等暖色系。占據大塊空間的窗簾、家具等，最好是和底色統一，這樣空間才會顯得寬敞。這時，可以把小型裝飾的種類當成強調色來使用。最重要的是，空間越狹小，就越要留意避免使用過多顏色。

　　基本上，牆面和天花板採用同一色系，地板採用另一種色系，整體就會顯得協調。想讓空間看起來寬敞，可以在牆面和天花板採用高明度的亮色。由於高明度顏色具有反射性質，因此會讓人感覺空間寬敞。這時地板必須採用比牆面或天花板更深的色彩，才能營造出穩定感。

　　相反地，如果希望空間充滿溫馨感，就將牆面和天花板漆成暗色，地板漆成亮色。雖然空間顯得狹小，卻能營造出溫馨的氛圍。

　　鮮豔明亮的顏色能使空間顯得寬敞，特別是白色具有明顯的膨脹效果，因此假如空間很狹窄，最好用白色來布置壁紙或地板材質等基本裝潢。

想讓空間看起來寬敞，可以在牆面和天花板採用高明度的亮色。

由於高明度顏色具有反射性質，因此會讓人感覺空間寬敞。

有窗戶的牆，即是魔法之牆

讓我們來了解如何運用顏色，營造空間和諧舒適的具體方法吧。只要知道以下四個法則，無論是任何空間，都能使它看起來更寬敞。

第一，將有窗戶的牆面漆成白色。當有窗戶的牆面漆成亮色時，就會感覺到整體彷彿有陽光照入的錯視效果。將有窗戶的牆面漆成膨脹色的亮色，將對面或旁邊的牆面漆成暗色，就能形成明暗對比，獲得使空間看起來更寬敞的錯視效果。這是一種明暗對比大，空間就顯得寬敞的小技巧。當光線照入的地方顯得更明亮，整體空間就會帶有一種開闊感。

第二，越狹窄的空間，牆面和裝潢材質就越需要以無光澤的啞光處理。在狹窄空間使用有光澤的裝潢材質，會明確區分出牆面與牆面、門與門框的界線，導致空間顯得更侷促。若是牆面為啞光，裝潢材質也使用啞光，就會覺得交界處也成了空間的一部分，狹窄空間因而顯得寬敞。

第三，大型家具與暗色牆面的色調必須協調。衣櫃、書

櫃、餐桌、床等生活必需卻占據大量空間的家具，必須減輕其分量感。這時最好與暗色牆面的色調一致，當家具不顯眼時，就能避免家具以外的剩餘空間感覺很小的印象。

第四，萬一要採用有紋路的壁紙，最好盡可能選擇細紋路。基本上不用紋路會使空間看起來比較寬敞，但假使是想使用紋路壁紙來為空間創造變化或獨特感，就必須挑選紋路最細最小的。若採用大而華麗的紋路，會因為其紋路本身占據的空間感，導致牆面看起來很窄。

牆面的紋路和家具色調必須一致，才能避免空間看起來滯悶侷促。如果選擇有粉色花紋的壁紙，就替沙發搭配相同的粉色系吧。當壁紙的紋路顏色和家具顏色不一致時，空間就會顯得雜亂無章，小到不能再小。

客人湧入馬卡龍專賣店的理由

家具或生活用品不僅是顏色重要，高度也很重要。到百貨公司或超市時，觀察手扶梯附近的櫃位，可發現生活用品

的配置都低於顧客視線的高度。從樓下搭手扶梯往上時，視野必須是開闊的，整個賣場才能盡收眼底，使整體空間顯得寬闊，而且也能第一時間就掌握自己要往哪去。顧客的腦袋必須描繪出空間動線，才會產生想到那個櫃位逛逛，這邊的櫃位也看看的念頭。空間要看起來寬敞才能提高銷售額的理由，就在於此。

假如一個空間令人感覺擁擠與狹隘時，人就會想盡快避開那個地方，打消想要到處閒逛的念頭，一心只想趕快出去。感覺狹窄和感覺溫馨是兩碼子事。帶來溫馨感的空間固然討人喜歡，但如此一來，人們就會想停留在原地，不會想要四處走動。倘若是咖啡廳等這類空間還無所謂，但如果是綜合購物中心之類的地方，或是必須讓顧客到各個角落參觀的地方，就不能讓人逗留在某處。

即便是寬度相同、櫃位數相等的購物中心，在給人開闊感、看起來明亮的購物中心時，顧客會更願意走動；當然，消費也就越多。在這種地方，若是櫃位陳設櫃的高度過高，不只讓人難以掌握動線，也會導致整體空間顯得很窄。

即便是寬度相同、櫃位數相等的購物中心，
在給人開闊感、看起來明亮的購物中心時，
顧客會更願意走動，當然，消費也就越多。

那麼，陳設櫃的高度應該多高呢？就百貨公司來說，各櫃位入口的陳設櫃或用品高度大約在 70 ～ 120 公分之間，位於內側的陳設櫃會設置得比較高，可至 120 公分。

　　這種原則並非只適用於購物中心等地方，當家裡的空間狹小，若是採用沒有床頭櫃的床或較低的書櫃等，降低整體家具的高度，就能使狹小的空間顯得寬敞。像是不擺沙發，而是善用坐墊和桌子，或是拿掉床腳，只放上床墊，也都能看作是相同原理。因為這不僅能減少滯悶感，也能帶來天花板相對看起來更高的效果。

　　這時若是選擇紋路繁複或花花綠綠的家具，就會造成使家具的存在感放大的反效果。如此一來，家具占據的面積就會感覺更大，剩下的留白空間顯得狹窄。空間越窄，就要採用越簡潔的設計、避免顏色強烈的家具，如此才能打造出寬敞舒適的日常生活。

　　拍攝《生意技巧》這個電視節目時，曾經拜訪一家咖啡廳。那是一家販賣手工馬卡龍和餅乾，僅有十五坪左右的小型咖啡廳。桌子全部加起來五張，椅子約十五張。放在入口

處的椅子是粉色，放在內側的椅子是黃色，沙發是深紫色，桌面則是混合白色和褐色。用品器具是泛紅的褐色，冰櫃外觀是黑色。店內也擺了好幾個盆栽，顏色各不相同。

原本店面就夠窄了，還充滿了五顏六色傳達的訊息，讓人看了眼花撩亂。碰到這種情況，即便只是好好整理色彩，也具有使空間看起來大上兩倍的效果。我們將主色定為淡綠色，互補色為褐色，底色則定為白色。

首先，我們開始進行清空地板的作業。因為沒辦法換掉所有的家具和用品器具，因此在多色的椅子和用品器具上頭披上白色罩布。在堆放雜物的倉庫前方豎立白色嵌板，也將色彩不一致的盆栽都處理掉。底色換成乾淨俐落的白色後，空間頓時放大兩倍，感覺清爽多了。由於用品器具和家具的色彩不明顯，因此主要商品馬卡龍的繽紛色彩就會率先映入眼簾，顧客也自然絡繹不絕。若是想使空間在視覺上變得寬敞，最好將空間的底色和用品器具或家具的顏色統一。

一模一樣的物品，
卻只在該網站暢銷

在網路上善用色彩的方法

不只是實體門市需要讓空間看起來更寬敞、更有立體感，網路空間也很需要。儘管有別於實體門市，網路是隨時都能連線，其中又有無限的資訊不斷刷新，但網站、應用程式畫面等基本上是一個小型的四邊形平面空間。由於空間的大小與形式有限，因此很容易顯得單調沉悶。

尤其是在展現產品的時候，網路上擺的不是實物，而是採用將產品的小型圖片放進四邊形內的方式。若是為了盡可能完整呈現產品，而把放大的圖片擺在四邊形的中央，反而多半會讓人覺得透不過氣，魅力盡失。這時根據如何使用色彩，將能以更令人耳目一新的方式呈現產品。

首先，重點在於讓既定的四邊形圖像空間看起來有立體感。若想使有限的空間顯得寬敞，就需要有遠近感。利用色

彩將遠近感極大化的方法就叫做「漸層配色」。儘管現在可以用 PHOTOSHOP 或編輯技巧輕易做出漸層效果，但在技術還沒那麼發達之前，要做出漸層效果並不容易，特別是實體店面。過去在整修某門市時，曾經用噴筆以氣壓噴灑黏度低的油漆，創造出漸層效果。那時候光是要打造出均一且自然的層次，都需要借助經驗老到的技術人員；不過現在各種漸層效果都能輕鬆打造出來，網路上的應用也更普遍了。

如何讓相同的畫面看起來更大

漸層可利用一種顏色創造自然的顏色層次，也可以利用兩種或多種顏色。漸層技巧的最大優點，在於可使相同空間感覺更寬敞。只要距離越近時，使用越強烈的漸層色彩；距離越遠，使用越淺的漸層色彩即可。

假設你要製作購物中心的詳情頁。背景得用比產品更淺的顏色，才能讓產品凸顯出來。如果展示的是紫色化妝品，背景採用相同色系的淺紫色為佳。在背景上添加漸層效果，就能擴張空間感，帶來產品彷彿觸手可及的效果。此時產品

和背景之間的明暗對比越大，背景漸層明暗變化愈大，效果就愈好。

相較於使用單色背景，使用漸層效果更能營造出高級感。在產品背景中使用漸層配色時，大致可分為兩種方法。第一是以和產品相同的色彩創造漸層，當產品和背景色為同色系時，具有帶來穩定感和信賴感的優點。

第二是採用與產品是互補色關係的顏色為背景，創造漸層效果。這時會更加凸顯產品，創造出整體生動活潑的意象。展示高級化妝品時，背景使用相同配色的漸層；展示防曬乳液等活動性強的產品時，背景使用互補色對比漸層，效果會非常出色。

漸層具有強調長度的效果。萬一網路上呈現的圖片接近正方形，若是使用漸層效果，圖片就會顯得更長。

這類效果可應用於各種情境。做美甲時，若是想讓手指顯得細長，可以先在指甲底部上亮色，越往指尖的部分越深即可。

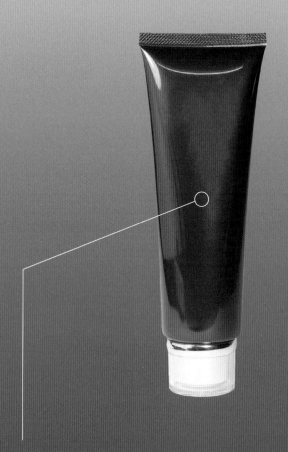

如果展示的是紫色化妝品，背景採用相同色系的淺紫色為佳。

若是背景上有漸層效果，就能擴張空間感，

帶來產品彷彿觸手可及的效果。

理解發光的白色世界

在網路上使用顏色時，最應該謹記在心的一點，就是網路環境的背景向來是白色。不只是實體空間有主色－互補色－底色，網路也不例外。網路基本上是以白色為底色的世界，特別是透過螢幕和液晶「發光的白色」。與這發光的白色擺在一起時，如果想讓產品更顯魅力，或者想讓大眾更快認識我的品牌，使用鮮明色彩是不二法門。此外，隨著看智慧型手機要比看螢幕的時間更多的時代到來，人們凝視的畫面也逐漸縮小。網路看到的圖像也隨之縮小，更加強化了這種傾向。

光看 Chrome 商標的變遷史也可得知，二〇一四年後，經過八年，直到二〇二二年，Chrome 重新設計了商標。隸屬 Google 的設計師埃爾文・胡（Elvin Hu）在自己的社群帳號上發表從二〇〇八年至今，Chrome 改變的商標設計，並解釋了其中的微妙變化。

比較二〇一四年與二〇二二年，Chrome 的商標，外型上幾乎沒有任何差異，只不過置於中央的藍色圓圈大了一些

罷了；不過，顏色倒是鮮明多了。此外，二〇一一年和二〇一四年的商標都沒了原先的暗影。

埃爾文如此表示，「把紅綠並排，在該顏色上頭加入陰影時，會產生令人不快的色彩振動。發現這項事實之後，我拿掉該元素，消除了肉眼難以發現的細微振動，同時給予非常細微的構圖變化，使商標單純化，提高了應用程式的友善程度。」

在網路上使用顏色時就像這樣，最好過濾掉在視覺上會妨礙認知的要素。在網路上應用色彩時，要採用比實體空間更明亮鮮豔的顏色才會吸睛。

不過選擇顏色可能會碰到障礙。如同到目前為止我們所看到的案例，每種顏色勾起的情緒和意義都各不相同，因此以不特定顧客為對象的品牌來說，採用華麗的特定色彩自然會覺得困難。這時，採用「黑白色」會是不錯的策略。網路畫面上看到的黑白色會發光，因此會比實體空間感覺更具可讀性。

在網路上使用顏色時就像這樣，

最好過濾掉在視覺上會妨礙認知的要素。

在網路上應用色彩時，

要採用比實體空間更明亮鮮豔的顏色才會吸睛。

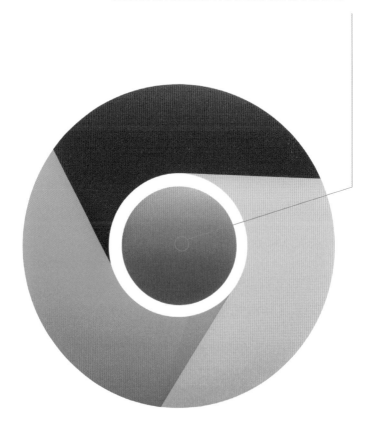

MUSINSA、Kream、SIVILLAGE、W CONCEPT 等時尚平台的應用程式均採用黑底白商標的設計，而國外時尚平台應用程式也有類似的傾向。其理由就在於首先網路的底色為白色，因此很容易立即看到黑色四邊形。另一個理由，在於時尚平台上囊括了不計其數的品牌。為了容納進駐的各種品牌定位，因而選擇了能接納一切的黑色。

網站的底色是白色，基本上可能會給人一種廉價感，此外輕鬆就能入手，也是讓人感覺網路消費的價位較低的心理誘因。那麼，有什麼辦法，可以讓在網路上販售的產品有高級感呢？

股票交易應用程式使用兩種顏色的理由

這時可以改掉底色，使產品看起來更吸引人。點進俄羅斯的甜點品牌「邦珍妮」（본 제니，音譯）的網站，可以看到整體底色是黑色。黑底加上各種顏色的馬卡龍、蛋糕等圖片，使粉色馬卡龍的色彩更加鮮豔，同時也更顯高級。[i]

善用黑白策略的案例還有一個。美國的股票交易應用程

式「羅賓漢」（Robinhood）的底色也是黑色。這個有八成使用者為千禧世代的應用程式展現出「貼近千禧世代」的設計，並曾於二〇一五年榮獲蘋果設計大獎（Apple Design Awards）。羅賓漢的設計有哪裡不同呢？它強調的是單純的設計，沒有羅列複雜的資訊，視覺上股票市場的波動簡單明瞭，選擇以最明顯的方式標示色彩的部分最為顯眼。羅賓漢應用程式分成「白天與夜晚」模式，當股市開盤時背景是白色，收盤時是黑色背景。

羅賓漢的使用者特徵為：平均年齡二十六歲，其中有五〇％的人每天會點進應用程式，九〇％的人一週會登入一次以上。因應這點，羅賓漢在二十四小時營業的網路世界上，選擇了以背景畫面的顏色變化，讓使用者直覺判斷是否為可交易時間。他們持續不懈地研究哪一點會令顧客感到不便，並透過顏色，以快速且符合直覺的方法解決問題。[ii]

就算網路畫面時時刻刻都會發光，但也必須理解網路世界並不像實體空間一樣會有「燈光」。燈光是帶來立體感和物體感的必要元素。因為缺少燈光，以至於很難在網路上展現的顏色即是金色和銀色。金色和銀色是來自於金與銀兩種

網路世界和應用程式的底色是會發光的白色。

它固然平易近人、朝氣蓬勃，但看起來並沒有高級感。

這時，可考慮更改底色。

當底色是黑色時，即使是平凡無奇的物品也會散發高級感。

股票交易應用程式羅賓漢就使用「白天與夜晚」模式，

一舉擄獲兩種優點。

物質表面的顏色，該物質的質感必須有光才能充分顯現。因此，就算試圖在網路上表現金色和銀色，光是使用該色彩是很難傳達出來的，其中非得要有帶來光線效果的人為設計，實際上拍攝照片來呈現產品時，也必須善加使用燈光與自然光。唯有如此，才能感受到想透過金色和銀色表現出來的高級感。

如何讓該網站的商品看起來更多

進入網路賣場的顧客會期待產品比實體店面更多，同時因為無法確認實物，顯示的圖片又很小，因此會期望趕快找到自己想要的產品。想同時滿足這兩種需求時，應該怎麼做呢？這與在實體空間使用顏色陳列產品的方法與基本原理是相同的。使用顏色並有效陳列產品，大致有五種方法：

1. 按照顏色順序排列

方法就在於紅橙黃綠藍靛紫的順序排列，讓人們可以連續感受到顏色的變化。將各種顏色的襯衫排成一列掛好時，就很適合採用這種方法。若是這樣陳列，產品看起來更多

元化，同時也能快速找到自己想要的顏色。

2. 依照明暗的順序排列

產品從亮色排到暗色。這樣做就更能明顯感覺到各產品的
細微差異，產生彷彿選擇範圍擴大的心情。

3. 同一色系排在一起

將產品分成暖色系和冷色系，若是在中間放白色或灰色系
的產品，就會感覺到兩種色系的分類更加自然。

4. 區分淺色和深色，加以排列

將淺色和深色個別擺在一起，就能帶來彷彿產品價位多元
的感覺。

5. 排列鮮豔的顏色時，中間穿插無色彩

把顏色鮮艷、有許多紋路的產品擺在一起時，會造成無法
快速辨識產品的問題。這時可以在中間穿插白色、灰色、
黑色等無色彩的產品。[iii]

想要避免顧客產生「點進那個網站之後，產品看起來都
差不多耶」的感覺，也可以嘗試應用活用顏色的實體產品陳

列方式。即便是自然主義產品導向的網站，假設所有產品都是淡綠色或米白色，就很容易令人厭倦。顧客會認為網路只會持續上傳相似的產品，所以不會想經常點進去看。這時最好將產品中顏色較淺、顏色較深的產品集中展示，讓人感覺色彩變化更加明顯。中間穿插配置色彩強烈的產品，形成視覺變化也是一個辦法。相反地，當色彩鮮豔的產品過多時，若在其中加入無色彩，就能帶來產品互相襯托的效果。當每項產品進入眼簾，就會產生在挑這挑那的感覺，想購買的產品也就跟著變多了。

目前已打造出在實體世界使用色彩的各種行銷和品牌建立的方法。以此基本原理為基礎時，在網路時代可採用更大膽的顏色。在網路時代，顏色的重要性有增無減，但我們無法說 Instagram 等社群網站的蓬勃才是主因，體現色彩的技術發展在此扮演了更大的角色。

進入二〇〇〇年代後，展示的技巧達到了巔峰，能夠更加細膩地表現出無數的色彩差異。光是看彩色電視的發展史也能立即知曉，即便是相同的彩色畫面，與十年前的畫面比較時，現在的畫面能表現的色彩數多到難以想像。如今已使

用技術發展出憑人類的肉眼無法區別的顏色，進入了由螢幕具體呈現的時代。

　　光拿藍色來說好了，已經不再是淺藍或深藍，而是有「礦物藍」（Mineral Blue）、「靛藍色」（indigo Blue）、「薄荷糖藍」（Smint Blue）等有細微差異的顏色登場。隨著在上頭加入各式各樣的名稱，對顏色的感覺也發展得更加敏銳。觀察各種上傳到社群網站的形形色色的圖片，就能從顧客選擇產品的標準、信賴品牌的標準得知色彩的重要性與日俱增。想在網路生態界大獲成功，就必須了解如何在網路上以色彩與顧客溝通的方法。

缺乏感性語言，
也就沒有生意可言

　　在墨西哥，代代相傳色彩是如何出現的故事。太初並無顏色的存在，那是個掌管夜晚的黑、掌管白晝的白，以及午後和凌晨為灰色所籠罩的灰暗時期。在此時期，不分神祇與人類，動不動就爭執不下，原因就在於每天過得枯燥乏味。對此，七位神明開始四處尋找能替世界披上的顏色。據說祂們從血液帶來紅色，從希望帶來綠色，從咖啡帶來褐色，從地球帶來藍色，從笑容帶來黃色，並將這所有的顏色都先漆在五彩鸚鵡的尾巴上。人類世界的色彩變得多采多姿，想法也漸趨多元化，彼此的爭吵減少了，世界也逐漸走向祥和。[i]

　　如同從神明時代轉為人類時代的過程中創造了顏色，我們觀察從黑白時代轉為無色彩時代及色彩時代的變化，就能

得知色彩世界仍有更多可能性等待我們去發掘。

　　前往位於京畿道的複合文化空間「Agit Analogue」，就能完整見證色彩時代已然到來的證據。此地之所以成為熱門打卡景點，是因為網球場。有別於使用紅磚色或暗藍色系的一般網球場，這裡卻是採用紫色。這裡的紫色球場雖然在白天也很吸睛，但到了夜間，在燈光的照映之下，營造出更加感性的氛圍。因為這種獨特的色彩，有不計其數的人拍下球場的照片並上傳到社群網站。對於網球一竅不通的人可沒有因此置身事外，在社群網站上接觸這些圖像的人，也會產生「我也想去一探究竟」的強烈衝動。由此可知，創造全新顏色本身即等於產品、服務與生活風格的時代登場了。

勾起強烈情感的語言

　　人類能區別的顏色有多少種呢？理論上高達兩百萬種左右。[ii] 研究色彩歷史的史學家米歇爾・帕斯圖羅（Michel Pastoureau）就曾說過「實際色彩與夢想中的色彩互相結合的時代」這樣的話來。[iii] 不分個人或企業都存著相同的欲望，既

想創造自己專屬的既有顏色，也想創造過去不存在的顏色。Pantone 是世界知名的色彩權威企業。其創辦人勞倫斯・赫伯特（Lawrence Herbert）將原本毫無標準的顏色加上專屬名稱，彙整出一套系統化的色號，就此開展事業版圖。Pantone 對全世界產業造成了莫大影響，每年該公司發表「年度代表色」後，以此顏色來行銷或推出產品的各種嘗試，層出不窮。

Pantone 也提供替企業主打造合適專屬色彩的服務，代表性的例子即是珠寶品牌蒂芬妮的主色。這個位於亮綠和藍色之間的顏色，同時也紀念蒂芬妮創立於一八三七年，因此擁有「PMS1837」的專屬編號，但通常被暱稱為「蒂芬妮藍」。Pantone 為顏色本身賦予企業的專屬意涵和故事，打造出任何人都無法奪走的獨有定位。

找到各種色彩，為其賦予意義的傾向，會與抗拒標準化身分認同的世代偏好相輔相成，更加發揚光大。今日的消費者熱衷於表現自己體內的多元身分認同。代表大眾人格的說法「多重人格」（multi persona）轉而具有正面意義的時代來了，這也意味著消費偏好劃分得更細，情感要素更趨重要，因此需要比過去更加符合直覺、非語言式的顧客溝通。顏色能比

Color of
the Year
2022

Very Peri
17-3938

Pantone 對全世界產業造成了莫大影響，

每年該公司發表「年度代表色」後，

以此顏色來行銷或推出產品的各種嘗試，層出不窮。

註：Pantone 2022 年代表色是長春花藍（Very Peri）

言語或文字更加快速地使情感增幅，因此如今應將其視為另一種「顧客語言」來探討。

為每種顏色賦予故事

人們的美感越來越敏銳了。曾擔任《經濟學人》編輯的卡西亞 · 聖 · 克萊兒（Kassia St. Clair）在自身著作《色彩的履歷書》[1]中娓娓道出了了七十五種顏色，以及相關的色彩故事。只是閱讀該書提到的顏色名稱，就能激發出豐富情感。儘管我們可能不太清楚「拿坡里黃」、「血拼粉」等準確來說是什麼樣的顏色，但單從名稱就能感受到其特有的感性，就像歌德所說：「所謂的顏色，是人們對各自認知不同情感的相關經驗」。

此種傾向已深入滲透消費過程。如今我們不會只單純地說「白色」，而是會以宛如陶器般的白色，亦即「瓷器白」（porcelain white）來形容。至於褐色，則加上代表「皇室」的形容，稱之為「帝國棕」（imperial brown）。作為價值達數百萬韓

---

[1] 《色彩的履歷書：從科學到風俗，75 種令人神魂顛倒的色彩故事》（The secret lives of colour），本事出版。

圍的高單價商品，透過這樣的色彩名稱，向消費者證明自身不凡的價值。

就這層面來看，關於善加利用顏色的方法，最後應該要思考的會是什麼？就是創造「全新的顏色」。全新的顏色不僅是創造前所未有的色彩，也代表為顏色賦予名稱和意涵，就像「蒂芬妮藍」一樣為其賦予名稱，穿上歷史。

這猶如品牌建立策略的擴充版。所謂的建立品牌，指的是讓我的顧客持續記得我，逐步提高對我的信賴的過程。在建立品牌的過程中向來扮演輔助角色的顏色，如今逐漸成了品牌建立的核心。

從這個角度探討顏色時，不妨嘗試擺脫既有色彩與流行色彩。米歇爾‧帕斯圖羅曾說，正如同永恆且絕對的色彩法則是存在的，思考傾向也能反過來造成令消費者反感的結果。舉例來說，我們無法把所有與水相關的產品都設計成藍色，因為若是採取這種作法，反而會徹底失去色彩所擁有的繽紛力量。

對於顏色的本質性恐懼，與其說是因為不懂色彩，說不懂自己更為貼切。本書探討的「十種色彩法則」也並非培養對顏色本身的常識，而是為了有助於打造關於自身認同的自信感。若是能毫無所懼地善用彷彿擁有魔法力量的色彩，就能贏得顧客的心，夢想的成功也會手到擒來。

color

story

了解與色彩交織的故事，理解顏色的意義，

有助於活用顏色。

事實上，顏色是不同波長的光，

其界線是不明確、連續性的，[i]

因此，儘管在此只探討主要顏色，

但相關內容也適用於各種相鄰的色彩。

red

紅

人類最初使用的顏色

- 紅色是史前時代的藝術與裝飾上最先出現的顏色。

- 希伯來文中，最初的人類「亞當」（Adam）的名字，與代表血液的單字「dam」有關。

- 在印度，父親會在女兒的婚禮上餽贈「紅色紗麗」（Saree）。

- 紐西蘭的毛利族戰士迎戰前會將全身漆成紅色，祈求受到庇護。

- 紅色是革命的象徵。法國大革命當時雅各賓派高舉「紅色旗幟」，紅色也因此成了象徵反抗的顏色。

- 印加人深信，女神瑪瑪・烏阿寇身穿紅衣，現身於祕魯的洞窟。

- 紅色是貴族的顏色。紅色顏料相當昂貴，因此在歐洲，紅色主要僅用於貴族、樞機及富商的服飾上。

How to | 紅色熱情如火，與現代品牌十分相襯。它是會引起最多身體反應的顏色，因此適合使用於飲料、零食、醫藥品等與「吃」相關的產業。

pink

粉紅
回春的顏色

- 最初，粉紅是玫瑰色的意思，因此被稱為「玫瑰」（rose）。

- 粉紅色被認為是少女的顏色，但在二十世紀以前的繪畫中，能經常發現男孩子身穿粉紅衣服的畫作。

- 它也是美國第一夫人的顏色。在艾森豪總統就職典禮上，第一夫人瑪米‧艾森豪身穿粉紅色禮服；而甘迺迪總統的夫人賈桂琳‧甘迺迪也經常穿香奈兒的粉紅色套裝。

- 英國軍隊 SAS 把粉紅色用作偵察車的偽裝顏色。因為當沙漠的天空出現晚霞時，其偽裝效果絕佳，並與沙子、岩石等融合得很自然。這種顏色也稱為「沙漠粉」（Desert Pink）。

- 也有男性跌破大家眼鏡使用粉紅色的例子。拳擊選手舒格‧雷‧倫納德（Sugar Ray Leonard）在獲得第一個世界冠軍頭銜時，就購買了粉紅色的凱迪拉克，當時蔚為話題。

- 粉紅色是讓人感受到幸福的顏色。一九五〇年代的美國是粉紅的時代，而這是因為廣告業者亟欲在戰後刺激正面蓬勃的氣氛，促進消費。

How to | 儘管會被批判這是在強化偏見，但粉紅色是女性的顏色。美妝、美容、女性貼身衣物等品牌熱愛使用粉紅色。粉紅色意味著青春，也很適合想要喚起活潑感性的品牌。

yellow

黃

代表幸福與誓言的顏色

- 黃色在中世紀是負面的顏色。中世紀歐洲繪畫中，就讓背叛耶穌的猶大穿上黃色衣服，以顯示他心懷二心。

- 美國的女性參政權運動家們，從一八六七年開始在堪薩斯州使用黃色作為抗議的象徵。黃色是堪薩斯州的州花，向日葵的顏色。

- 很早以前，黃絲帶就用來歡迎參戰返家的士兵。

- 中國佛教崇尚黃色，將其用於僧侶的袈裟。

- 在梵谷的畫作中經常出現黃色，包括向日葵、黃色金盞花、星星、街燈等。這與其精神疾病的症狀相關，也有人說他擠了黃色顏料就往嘴裡送。

- 在法國，會使用黃色封面作為宣傳書籍的手段。黃色封面的書意味著反體制、淫穢、頹廢的小說。奧斯卡・王爾德的作品《道林格雷的畫像》就出現了主人公多利安在閱讀一本黃色書之後，墮落迷失的場面。

How to｜黃色與想營造正面積極形象的品牌相襯。由於它帶有明亮陽光的感覺，因此用於與健身產業等與身體活動相關的產業也很合適。

green

綠

萬物生長的顏色

- 代表綠色的單字 green 來自古英文 growan，因此它是代表生長的顏色。
- 在歐洲有這樣的迷信：綠色會帶來不幸，因此不該在婚禮上穿著綠色衣服。
- 綠色是妖精的顏色。在歐洲的傳說中，人類若使用妖精的顏色就會遭遇不測。
- 綠色也是怪物的顏色。在莎士比亞的喜劇《奧賽羅》中登場的「綠眼怪物」的形容，指稱主角奧賽羅的「忌妒」。
- 古埃及中的歐西里斯神，擁有綠色皮膚。
- 綠林俠盜羅賓漢身上的衣服既是綠色，還是摻雜灰色的黃綠色。一五一○年版的《羅賓漢》中，有「自從穿了黃綠色的衣服，他們就再也不正眼瞧灰色衣服一眼了」的段落。
- 伊斯蘭文化高度崇尚綠色。在伊斯蘭繪畫中，先知穆罕默德就包著草綠色頭巾。此外，世界各地的伊斯蘭寺院，均有綠色的圓頂。

How to | 綠色代表成長，廣泛用於教育品牌等；在現代廣泛作為象徵健康、環保、公正的顏色。

blue

藍
象徵智慧的顏色

- 天空與水的藍色予人平靜的感受。有研究指出,收到藍色封面 IQ 測驗的人,分數要比收到紅色封面的人高。
- 藍(blue)會變成帶有「憂鬱」的意思,有一說是與航海有關。在遠洋航海盛行的年代,若是船長或軍官在航海途中身亡,就會高掛起藍旗。
- 藍色是聖母瑪利亞的顏色。在繪畫中,聖母瑪利亞被描繪成披上藍色斗篷的模樣。
- 印度教的最高神祇毗濕奴,是與水相關的神明,擁有藍色皮膚。
- 有許多畫家熱愛藍色,其中法國畫家伊夫・克萊因(Yves Klein)以用自己名字命名的「克萊因藍」(International Klein Blue,IKB)聞名。他開發出最接近純粹的藍色,直到離世前畫出近兩百幅充滿藍色的作品。
- 「藍色絲襪」來自於一七五〇年左右,由蒙塔古夫人、維傑夫人、奧德夫人三名女性在倫敦主導的文學沙龍的別稱,象徵「智慧出眾的女性」。
- 巴勒斯坦和俄羅斯地區使用的「骨頭為藍色」的說法,指的是非善類。

How to | 藍色給人冰冷的感覺,因此與理性、美學導向的品牌相襯。傳統上 IT 領域常用藍色,也很適合金融領域。

purple

紫

奢華、自由的顏色

- 紫色是王族的顏色，據說這是埃及艷后喜愛的顏色。
- 紫色亦是象徵哀悼的顏色。在泰國有經歷生離死別的妻子身穿紫色服飾的習俗。
- 在印度，執法時會使用紫色；警方也會使用染色紫水驅逐示威參加者。
- 紫色在一九六〇年代象徵「嬉皮」。歌手吉米 · 亨德里克斯 (Jimi Hendrix) 的歌曲《紫霧》 (Purple Haze) 即代表此時代的氛圍。
- 紫色在基督教意味著苦難。在紀念耶穌十字架苦行的大齋期，教會會用紫色裝飾祭壇；因為《約翰福音》中出現了以下段落：「士兵用荊棘編了冠冕，戴在他頭上，給他穿上紫袍。」
- 紫色是 LGBT 的顏色，因為它被視為將象徵男性的藍色與象徵女性的紅色合在一起的顏色。

How to｜紫色象徵神秘、高貴、藝術性與稀少性，是與貴賓服務、奢侈品等相襯的顏色。經常用於高級化策略，也是設計師的顏色，因此適合用於藝術相關產業。

black

黑
黑暗與光明，具雙面性的顏色

- 在芬蘭，會形容善妒之人是穿了「黑襪」。

- 中國秦始皇將大一統的帝國顏色定為黑色，且服飾、旗幟和徽章均使用黑色。

- 黑色也象徵沃土。非洲西北部的女性婚後會穿象徵黑土的黑色服裝，因為這象徵著多子多孫。

- 製作純黑色需要昂貴的染料。十七世紀的歐洲，教授、銀行家、律師、法官、商人和醫生身穿黑色衣服，代表他們是中產階級。

- 演員奧黛麗・赫本在電影《第凡內早餐》穿了黑色小禮服，使其成了女性的必需品。

- 黑色既是惡魔的顏色，亦是神明的顏色。埃及死神阿努比斯，以黑豺狼的模樣示人。

- 黑色是象徵無政府主義的顏色。革命哲學家阿蘭・巴迪歐（Alain Badiou）曾出版與黑色相關的書。

- 自從賈伯斯堅持只穿黑色高領之後，黑色便成了創意的代名詞。

How to｜當品牌使用黑色時，會帶來正直、簡潔俐落、高級的形象。此外它也具有知性、獨立與創造性的感覺，因此成了許多網紅熱愛的顏色。時尚品牌的商標上多半使用黑色，也是這個緣故。

白
治癒與恢復的顏色

- 赫曼・梅爾維爾的小說《莫比迪克》（*Moby-Dick*）的書名之所以翻譯為《白鯨記》，是因為小說中有個「巨鯨之白」的章節。
- 法國國旗中的白色代表平等。
- 為了美白皮膚所使用的「白蠟」含鉛，會導致中毒，無數美人就因此身受毒害的副作用。
- 無論在哪個文化圈，白色的動物都被視為吉祥的動物，「白象」即是代表性的例子。
- 奈及利亞的豪薩族，以「白色心臟」作為象徵和平的單字。
- 古巴獨立之父荷西・馬蒂（*José Martí*）的詩作中，「白玫瑰」象徵的是友情；美國總統歐巴馬（*Barack Obama*）初次訪問古巴時，曾以「孕育了白玫瑰呢」作為和解的問候語。
- 白色婚紗的傳統，始於英國維多利亞女王的婚禮。據說女王是為了炫耀自己親手編織的蕾絲才選擇了白色。

How to | 白色與黑色的用途相同。就如同黑白二字一樣，其象徵意義也相似。由於白色象徵一切的光明，因此很適合用於醫療領域。

推薦閱讀書目

《感性滿足！色彩行銷》，I.R.I 色彩研究所，Youngjin.Com，2004 年。

《為高齡者打造燈光與色彩》，日本裝潢產業協會著，金慧英、金有淑譯，國際，2001 年。

《就是不要做》，宋吉永，BookStone，2021 年。

《你的顏色最美》，李允卿，BEYOND BOOKS，2021 年。

《大衛 · 艾克的品牌公式》，大衛 · 艾克著，泛魚設計研究所譯，UX Review，2021 年。

《將設計科學化》，Pawpaw production 編，樹冠，2010 年。

《一切均攸關設計的時代》，埃奇奧 · 曼齊，趙恩智譯，ahngraphics，2016 年。

《一切生意都在於建立品牌》，洪成泰著，Samnparkers，2012 年。

《讓人為之瘋狂的品牌》，艾蜜莉·海沃德著，鄭秀英譯，Alki，2021 年。

《想購買的顏色，暢銷的顏色》，李浩貞著，Raonbook，2019 年。

《不如來料理一下顏色吧？》，金慧卿、玄鐘五著，Henamu，2009 年。

《色彩的祕密》，野村順一著，金美智譯，國際出版，2006 年。

《色彩的誘惑 1》，艾娃 · 海勒著，李英熙譯，藝談，2002 年。

《色彩的誘惑 2》，艾娃 · 海勒著，李英熙譯，藝談，2002 年。

《色彩的誘惑》，吳秀妍，Sallimbook，2004 年。

《顏色人文學》，米歇爾 · 帕斯圖羅著，高峰滿譯，美術文化，2020 年。

《色彩記憶》，末永蒼生著，姜竹洞譯，國際，2003 年。

註：打＊的書目有繁體中文版本。

《色彩論》，哥德著，權五相、張熙昌譯，民音社，2003 年。

《色彩的歷史》，約翰 ‧ 蓋吉著，朴秀珍、韓在賢譯，社會評論，2011 年。

《藝術家們熱愛的色彩歷史》，大衛 ‧ 柯爾著，金栽經譯，Youngjin.Com，2020 年。

《我們記憶中的顏色》，米歇爾 ‧ 帕斯圖羅，崔正秀譯，ahngraphics，2011 年。

《色彩人文學》，凱文 ‧ 埃文斯，姜美卿譯，Gimmyoungsa，2018 年。

《色彩和諧》，李載晚，Iljinsa，2004 年。

＊《色彩的履歷書：從科學到風俗，75 種令人神魂顛倒的色彩故事》，卡西亞 ‧ 聖 ‧ 克萊兒著，本事出版，2017 年。

＊《色彩之書：融合科學、心理學及情感意義，帶領你發現自我的真實色彩》，凱倫 ‧ 海勒著，悅知文化，2020 年。

《Pink Book 粉紅之書》，凱伊 ‧ 布萊瓦德著，鄭秀英譯，Denstory，2020 年。

《Color》，朴玉蓮、金恩靜，螢雪，2007 年。

《COLOR DESIGN BOOK》，朴明煥，旅伴，2013 年。

《Color 色彩用語字典》，朴妍善，藝林，2007 年。

references
參考資料

前言

i〈速食品牌商標為何是紅色的？〉，經濟評論，2018 年 7 月 4 日刊載。

ii《色彩的祕密》，野村順一著，金美智譯，國際出版，頁三五，2006 年。

第 1 章

i《可口可樂如何讓聖誕老人穿上了紅衣？》，金炳道著，21 世紀 books，2003 年。

ii〈為什麼看到藍色會想起蒂芬妮？〉，HS Adzine，2008 年 3 月 4 日刊載。

第 2 章

i〈顏色是一種持續性，一種細膩度〉，Economy Chosun，2019 年 10 月 21 日刊載。

第 3 章

i〈裝在紅色杯子的咖啡感覺很甜〉，Health Chosun，2018 年 10 月 22 日刊載。

ii〈咖啡，味道會隨著杯子顏色而不同……「若是想減少苦味呢？」〉，Donga Science，2014 年 11 月 28 日刊載。

iii「擁有一百三十年歷史的可口可樂，祕訣在於刺激食慾的紅色」，Economy Chosun，2019 年 10 月 21 日刊載。

iv《色彩的祕密》，野村順一著，金美智譯，國際出版，頁二四，2006 年。

v《色彩的祕密》，野村順一著，金美智譯，國際出版，頁二五，2006 年。

第 5 章

i《想購買的顏色，暢銷的顏色》，李浩貞著，Raonbook，頁七十，2019 年。

ii《想購買的顏色，暢銷的顏色》，李浩貞著，Raonbook，頁七九，2019 年年。

iii〈以 Knotted 獨有的敘事，將食物、顧客忠誠、品牌永續經營一網打盡〉，Economy Chosun，2022 年 1 月 19 日刊載。

iv〈工作與育兒無法完美兼顧的職場媽媽，不需要自責〉，Chosun Biz，2022 年 2 月 11 日刊載。

第 6 章

i 「腦力激盪會議就在藍色會議室召開……藍色激發創意，紅色促進專注力」，
News Quest，2022 年 3 月 14 日刊載。

ii 「孕育六名諾貝爾獎得主的索爾克研究中心……『培養好奇心』」，，亞洲經濟
日報，2017.6.20。

iii 《為專注力低落的孩子們打造第一名讀書環境》，金慧靜著，思想分享，2009
年。

iv〈都心內的綠地，有助於增進精神健康〉，Science Times，2018 年 7 月 23 日刊載。

v 「食品界盛行『色彩行銷』」，食品醫療新聞，2009 年 6 月 24 日刊載。

第 9 章

i 《色彩的祕密》，野村順一著，金美智譯，國際出版，頁三六，2006 年。

第 10 章

i 《想購買的顏色，暢銷的顏色》，李浩貞著，Raonbook，頁二七六，2019 年。

ii〈使「羅賓漢」成長的超簡潔設計〉，JapanOII，2021 年 3 月 29 日刊載。

iii 《感性滿足！色彩行銷》，I.R.I 色彩研究所，Youngjin.Com，頁五十四，2004 年。

結語

i 《馬科斯與安東尼奧爺爺》，馬科斯著，朴正勳譯，現實文化，頁六十，2001 年。

ii 《感性滿足！色彩行銷》，I.R.I 色彩研究所，Youngjin.Com，頁八，2004 年。

iii 《我們記憶中的顏色》，』，米歇爾・帕斯圖羅著，崔正秀譯，ahngraphics，
頁十八，2011 年。

附錄

i 《色彩人文學》，凱文・埃文斯著，姜美卿譯，Gimmyoungsa，2018 年。

TOP —— 026

WINNING COLOR
必勝色公式書

觸動與挑撥！牽動人類欲望的 10 大色彩能量法則

作　　　者	李朗州
譯　　　者	簡郁璇

主　　　編	林昀彤、魏珮丞
美 術 設 計	謝彥如
總 編 輯	魏珮丞

出　　　版	新樂園出版／遠足文化事業股份有限公司
發　　　行	遠足文化事業股份有限公司（讀書共和國集團）
地　　　址	231 新北市新店區民權路 108-2 號 9 樓
郵 撥 帳 號	19504465 遠足文化事業股份有限公司
電　　　話	（02）2218-1417
信　　　箱	nutopia@bookrep.com.tw

法 律 顧 問	華洋法律事務所 蘇文生律師
印　　　製	呈靖印刷
出 版 日 期	2024 年 3 月 6 日初版一刷
定　　　價	520 元
I S B N	978-626-98075-5-0
	978-626-98075-4-3（E-PUB）
	978-626-98075-3-6（PDF）
書　　　號	1XTP0026

·新樂園粉絲專頁·

國家圖書館出版品預行編目 (CIP) 資料

WINNING COLOR 必勝色公式書：觸動與挑撥！牽動人類欲望的 10 大「致勝色彩」法則 /
李朗州 著；簡郁璇 譯 . -- 初版 . -- 新北市：新樂園出版，遠足文化事業股份有限公司，2024.03
240 面；14.5×21 公分 . -- (Top ; 26)
譯自：위닝 컬러 WINNING COLOR
ISBN 978-626-98075-5-0（平裝）

1.CST: 行銷策略　2.CST: 視覺設計　3.CST: 色彩心理學

496　　　　　　　　　　　　　　　　　　　　　　　　　　　　112022840